살기좋은 도시만들기 시리즈1

도시계획의 신조류

콤팩트시티·뉴어버니즘·어번빌리지

마쓰나가 야스미쓰 지음
진영환·김진범·정윤희 옮김
국가균형발전위원회·국토연구원 공동기획

한울
아카데미

まちづくりの新潮流
コンパクトシティ／ニューアーバニズム／アーバンビレッジ

彰国社

Machizukuri no Shinchoryu
Compact City, New Urbanism, Urban Village
by Yasumitsu Matsunaga

Copyright ⓒ 2005 Yasumitsu Matsunaga
Korean-language translation rights licensed from the Japanese-language publisher, SHOKOKUSHA Publishing Co., Ltd. through ilbonchulpanjungbosha. Korean translation copyright ⓒ 2006 by Hanul Publishing Company. All rights reserved.

이 책의 한국어판 저작권은 일본출판정보사를 통한 SHOKOKUSHA Publishing Co., Ltd와의 독점계약으로 도서출판 한울에 있습니다. 신저작권법에 의해 한국 내에서 보호를 받는 저작물이므로 무단전재 및 복제를 금합니다.

살기좋은 도시만들기 시리즈를 내며

우리나라는 지난 반세기 동안 급속한 산업화와 도시화를 통해 고도성장을 달성하였으나, 그간의 소득증가에 비해 삶의 질은 크게 개선되지 않은 것이 사실입니다. 최근 우리사회도 소득 3만 달러 시대를 내다보면서 점차 건강과 생명, 그리고 환경을 중시하는 경향이 뚜렷이 나타나고 있습니다.

이에 따라 참여정부는 국가균형발전정책의 일환으로 질적 발전에 기초하여 국토의 가치를 높이는 '살기좋은 지역만들기' 정책을 주민주도, 지역사회 중심으로 추진하여, 각 지역을 쾌적하고 아름답고 특색 있게 만들어가고자 노력하고 있습니다.

국가균형발전위원회와 국토연구원은 선진국가의 삶의 질 향상에 관한 도시정책과 계획을 수행하였으며 도시와 마을만들기 운동, 창조적인 건축문화, 공동체 복원 등에 관한 해외저서들의 번역시리즈 출판을 공동으로 기획하였습니다. 부디 이 시리즈물이 삶의 질을 풍요롭게 하고 균형발전사회를 만드는 데 참고자료로 널리 활용되기를 기대합니다.

2006년 6월
국가균형발전위원회 위원장 성 경 륭

『도시계획의 신조류』를 내며

　반세기 가까이 양적 팽창을 거듭해 온 우리의 도시들은 몹시 지쳐 있다. 구도심의 쇠퇴, 교통 혼잡, 열악한 주거환경, 환경오염 등 고도 경제성장의 부작용들이 여기저기서 나타나고 있다. 또한 공간적 양극화 현상도 날로 심화되어, 수도권과 비수도권, 도시와 농촌, 도심과 교외 등의 불균형 발전으로 사회경제적인 문제들이 다양하게 분출되고 있다. 최근 이러한 도시 문제를 해결하기 위해 도시마다 개성과 경쟁력을 키우고 궁극적으로는 주민의 삶의 질 제고를 목표로 하는 '살기좋은 도시만들기' 운동에 대한 사회적 논의가 활발해 지고 있다. 이러한 시점에서 서구 선진도시의 경험을 담은 이 책은 매우 유용한 참고자료로 활용될 수 있을 것이다.
　이 책은 저자가 3년간에 걸쳐 미국과 유럽 도시를 돌아보며 정리한 생생하고 참신한 현장 보고서이자, 21세기 도시계획의 새로운 조류를 보여주고 있는 보고서이기도 하다. 도시의 계획적 개발 및 불량지역의 재개발과 관련한 이론과 수법을 알기 쉽게 정리하고 있으며, 또한 도시계획 이론이 실제로 어떻게 적용되었고, 어떤 결과로 나타났는지에 대하여 자세히 설명하고 있다.
　특히, 지속가능한 도시를 실현하기 위한 도시이론으로 '콤팩트시티'라는 개념을 소개하고 있다. 우리나라에서는 '압축도시'라고 불리는 계획기법이다. 이 이론을 구체화한 도시설계이론으로 '뉴어버니즘'과 '어번빌리지'가 있다. 이 책은 우리에게도 낯익은 이 계획기법들이 미국과 영국 등의 선진국에서 실제로 어떻게 적용되고 있는지 최신 동향을 생생하게 전달하고 있다. 구체적으로 교통 혼잡 해소, 구도심 및 기성시가지의 쇠퇴 방지, 환경오염 완화, 도시의 무질서한 확산 방지, 주민 삶의 질 개선을 위한 다양한 도시정책 및 계획기법들을 소개하고 있다.

이 책은 도시계획, 단지개발, 도시설계 분야의 실무자 및 대학생뿐만 아니라, 지방자치단체에서 도시계획 실무에 관여하고 계신 분들에게 꼭 추천하고 싶은 책이다. 왜냐하면 외국의 선진도시에서 이미 겪었던 도시문제들이 지금 우리 도시에도 나타나고 있기 때문이다.

우리나라에서 최근 활발하게 논의되고 있는 '살기좋은 도시만들기' 운동은 대량생산중심의 기능주의에서 벗어나 인간적인 친밀감과 문화적 다양성을 우선으로 하는 도시 만들기에 초점을 두고 있다. 이와 같은 흐름은 서구의 '뉴어버니즘'이나 '어번빌리지' 운동과 같은 맥락에 있다. 또한 도시 만들기 접근방식에 있어서도 과거와 같이 정부가 주도하기보다는 시민이 직접 참여하고 협력하는 새로운 거버넌스 체제로의 전환이 논의되고 있다. 이와 같은 도시계획 패러다임의 변화는 이 책에서 소개하고 있듯이 이미 선진국에서 경험한 것이다. 따라서 외국선진도시의 다양한 경험들이 우리 실정에 맞게 제대로 활용되기를 소망하는 바이다.

2006년 6월
국토연구원 원장 최 병 선

지은이 머리말

최근 도시계획에 대한 주민들의 관심이 높아지고 있다. 일본 각지에는 도시계획에 참여할 목적으로 구성된 시민단체, NPO가 무수히 생겨나고 있고, 필자가 살고 있는 가고시마(鹿兒島) 시에도 60여 개의 단체들이 활동하고 있다. 향후 대량의 퇴직자가 배출될 것으로 예상되고 있는 전후 베이비붐 세대 중에는 노후를 도시계획에 참가하면서 지내고자 하는 이들도 많을 것으로 생각된다. 도시재생법과 경관법이 제정됨으로써 지역 주민이 도시계획의 전개 과정에 참가할 수 있는 기회가 급격히 증가하고 있다. 본격적으로 주민에 의한 도시계획 시대가 왔다고 말할 수 있다.

이에 대응하여 도시계획 관련 서적의 출판도 활발하고, 인터넷 사이트도 적극적으로 활용되고 있다. 도시계획과 관련된 우수한 프로젝트의 자료도 인터넷을 통해 쉽게 입수할 수 있게 되었다. 그러나 관련 자료가 많이 공개되어 있는 데 비해 실제 피부로 느낄 수 있는 것은 그리 많지 않다. 필자는 격화소양(隔靴搔癢)의 감을 느끼며 현지를 돌아보고 지역주민들과 만나서 얘기를 듣고, 그곳의 전통음식을 맛보고, 삶의 실제를 탐구하고 싶다고 생각하고 있었다.

이러한 상황에서 저자가 근무하는 가고시마(鹿兒島) 대학 공학부 건축학과 도시디자인연구실에서는 정부의 과학연구비 보조로, 구미의 선진

도시계획 현장을 돌아볼 수 있는 기회를 얻게 되었다. 3년간에 걸친 도시탐방 여행을 끝내고 얻은 실감은 "도시계획 조류는 변하고 있다"는 것이었다. 이 책은 도시탐방의 성과를 정리한 것이다.

일본은 경제적으로는 세계 유수의 대국이 되었지만, 생활면에서는 그것을 실감할 수 없다. 대부분의 국민들은 그 이유 중 하나로 생활환경이 빈약하기 때문이라는 점을 꼽았다. 이것은 결국 지금까지의 도시계획과 지역계획의 부실함을 드러내는 것이다. 따라서 이 책이 제시하는 다양한 사례가 향후의 도시계획 발전에 실마리를 제공할 수 있었으면 한다.

제1장에서는 20세기 도시계획의 실패 사례로 잘 알려진 프로젝트를 대상으로 왜 실패했는지 그 이유를 제시하고 있다. 제2장에서는 이러한 실패를 보완하기 위해 최근에 탄생한 새로운 조류와 함께 구미국가에서의 도시계획 추진실태를 소개하고 있다. 제3장에서는 '뉴어버니즘(new urbanism)'을 중심으로 미국 각지에서 경험할 수 있는 도시계획 사례를 제시하고 있다. 제4장에서는 '어번빌리지(urban village)'를 중심으로 하는 영국 각지의 사례를 제시하고 있다. 제5장에서는 EU 국가 중 네덜란드, 독일, 프랑스의 '콤팩트시티(compact city)'를 중심으로 사례를 제시하고 있다. 제6장에서는 이들 사례를 통해 얻을 수 있는 공통의 가치관을 찾아내고, 이것이 역사유산과 밀접하게 관련되고 있다는 점을 제시한 후 새로운 수법을 소개하고 있다. 제7장에서는 일본에서 시도되고 있는 일부 사례로서 저자가 도시설계자로 참여했던 프로젝트를 소개하고 있다.

필자는 10여 년 전에 출판사로부터 세계의 명작 건축물을 순회하는 데 안내서가 될 여행 가이드북을 작성해 달라는 의뢰를 받았고 다행히도 지금까지 출판을 계속하고 있다. 이 책은 그 속편으로서 세계의 명작 도시를 순회하는 데 도움이 되는 가이드북으로 활용되기를 바란다.

마쓰나가 야스미쓰

차례

살기좋은 도시만들기 시리즈를 내며 • 5
『도시계획의 신조류』를 내며 • 6
지은이 머리말 • 8

제1장 20세기의 실패　　　　　　　　　　　　　　　　　　　13
1.1 폭파된 거대 단지 프루트이고 • 14
1.2 재개발의 실패: 맨체스터 흄 지구 • 16
1.3 깨진 르 코르뷔제의 꿈: 암스테르담 벨마미아 단지 • 20
1.4 근대도시이론이란 • 23
1.5 20세기의 실패 • 30

제2장 새로운 개념　　　　　　　　　　　　　　　　　　　　33
2.1 콤팩트시티 • 33
2.2 지속가능한 도시 • 35
2.3 미국의 움직임: 에지 시티에서 뉴어버니즘으로 • 37
2.4 영국의 움직임: 전원도시에서 어번빌리지로 • 39
2.5 EU 국가의 움직임: 네덜란드, 독일, 프랑스의 콤팩트시티 • 42

제3장 미국의 도시 탐방　　　　　　　　　　　　　　　　　　48
3.1 뉴어버니즘의 탄생: 시사이드 • 49
3.2 쇼핑센터에도 사람이 거주한다: 마이즈너 파크와 산타나로 • 57
3.3 디즈니의 꿈의 도시: 셀레브레이션 • 62
3.4 쇼핑센터 이전적지의 TOD: 더 크로싱 • 69
3.5 최초의 에코 빌리지: 빌리지홈즈와 래그너웨스트 • 75

제4장 영국의 도시 탐방　　　　　　　　　　　　　　　　　　84
4.1 찰스 황태자의 꿈의 도시: 파운드베리 • 85
4.2 황폐한 도시의 자원을 발굴한다: 울버햄프턴의 센트존 어번빌리지 • 93

4.3 기적의 재생에 성공한 영국 제2의 도시: 버밍엄의 주얼리쿼터 • 98
4.4 실패로부터 배운다: 맨체스터의 흄 지구 • 102
4.5 2000년을 기념한 도시계획: 런던의 밀레니엄 빌리지 • 107
4.6 전원도시의 시조: 레치워스 • 111

제5장 EU의 도시 탐방 116
5.1 벨마미아의 반성: 가스파담 단지와 암스테르헨 단지 • 117
5.2 전통 민가풍의 장방형주택으로 성공한 워터프론트 재생: 보르네오-스
플랜돌프 섬 • 121
5.3 문화를 통한 도시 활성화: 프랑크푸르트 • 129
5.4 도심에 대형점을 유치: 다름슈타트 • 133
5.5 환경수도 '카프리' 단지: 프라이베르크 • 138
5.6 대중교통체계를 완비한 바로크도시: 카를스루에 • 147
5.7 LRT도입의 모델 도시: 스트라스부르 • 153

제6장 21세기의 도시계획 159
6.1 공통의 가치관 • 159
6.2 온고지신: 역사도시에서 배운다 • 162
6.3 어번디자인의 새로운 수법: 복잡계 • 167
6.4 안심·안전의 도시계획: 침투성과 커뮤니티 • 170
6.5 실현 수단: PFI, PPP, TIF, BID • 175

제7장 어번디자인의 실천 180
7.1 골목형 집합주택: 나카지마(中島) 가든 • 181
7.2 환경공생형 공영주택: 하모니 단지와 라메루나카묘 단지 • 186
7.3 저층고밀도의 리조트 빌리지: F프로젝트 • 191
7.4 민간의 제언: 가고시마 시 콤팩트시티 구상 • 194

지은이 편집후기 • 197

제1장
20세기의 실패

　19세기에 성립된 국민국가는 경쟁적으로 장엄한 국가적 상징물을 만들어 도시의 미관을 자랑했다. 그중 유명한 것이 오스만(Georges Eugène Haussmann)의 파리대개조이다. 이러한 도시계획의 주역은 어디까지나 국가이고, 시민 참가의 흔적은 찾아볼 수 없다. 하지만 20세기가 되면서 시민은 다양한 분야에서 주역으로 등장하게 되었고 또한 그들의 삶터를 대상으로 하는 도시계획에 적극적으로 참여하고자 하는 움직임이 나타났다. 그중 가장 상징적인 사건은 영국 하워드(Ebenezer Howard)의 전원도시 구상이다. 시민이 거주하는 도시에 대하여 처음으로 신중하게 논의된 것이다. 그 후 20세기 전반에는 르 코르뷔제(Le Corbusier)로 대표되는 근대건축운동이 발생하게 되어 현재의 도시계획 이론과 수법이 이 기간 동안 탄생하게 된다. 특히 제2차세계대전 이후 전쟁으로 폐허가 된 도시를 재생시키는 데 이 이론을 적용하고자 하는 움직임이 세계적으로 전개되었고, 이 이론은 '도시계획의 글로벌 스탠더드'가 되었다.
　한편 20세기 후반 세계 각지에서는 이 스탠더드에 대한 불신이 생겨나기 시작했다. 이러한 상황은 이 책에서 논의하는 21세기형 도시계획 수법이 탄생하게 된 배경이기도 하지만, 먼저 20세기의 도시계획 수법에 어떤 문제가 있었는지에 대해 살펴보도록 하겠다.

1.1 폭파된 거대 단지 프루트이고

갓프레이 레지오(Godfrey Reggio)가 감독한 영화 <코냐스카티(Koyaanisqatsi)>는 1980년대 중반에 무르익은 환경의식을 일종의 영상시로 표현한 문제작으로 최근 DVD로 제작되었는데, 이 영화 속에는 충격적인 장면이 있다. 다수의 고층아파트가 질서정연하게 늘어서 있는 단지의 상공을 카메라로 촬영했는데, 자세히 보면 이들 건축물의 유리는 깨져 있고 단지에는 사람의 모습을 찾아볼 수 없다. 그리고 다음 장면에서는 이들 건물이 차례로 폭파되고 붕괴되어 마치 2000년 9월 11일의 비극을 재현하는 것처럼 보인다. 미주리 주 세인트루이스에 있는 이 단지는 완공된 후 20세기 도시계획이론의 상징으로 유명한 '프루트이고 단지'이다. 1972년 3월 16일 이 단지의 붕괴 장면을 효과적으로 이용한 사람은 평론가인 찰스 젱크스이다. 그는 소위 '근대건축'의 실패가 결정적으로 입증되었다고 인식했고, 포스트모더니즘의 도래를 선언했다.[1] 또한 인기 작가 톰 울프도 '바우하우스에서 마이 홈까지'라는 그의 저서에서 이 단지를 근대건축의 실패를 상징하는 것으로 비판했다.[2]

이 단지는 약 23ha의 부지에 2,870가구를 수용할 계획으로 1951년 일본계 건축가 미노루 야마사키가 설계하여, 1954년에 완공되었다(그림 1-1). 당초 계획에서는 아프리카계 주민을 위한 '프루트(Pruitt) 단지'와 백인용 '이고(Igoe) 단지'로 구분했다가 최종적으로는 통합했다. 그 결과 백인은 하나둘씩 다른 곳으로 이주했고, 최종적으로는 아프리카계 저소득층 주민만이 거주하게 되었다. 시행자인 세인트루이스 시 시장 요셉 더스트는

---

1) Charles Jenks, *The Language of Post Modernism*(Academy Editions, 1977), 竹內譯, 『ポスト・モダニズムの建築言語』(エーアンドユー, 1974).

2) Tom Wolfe, *From Bauhaus to Our House*, *Farrar*(Straus and Giroux, 1981), 諸岡敏行 譯, 『バウハウスからマイホームまで』(晶文社, 1983).

그림 1-1 철거되기 전의 프루트이고 단지   그림 1-2 프루트이고 단지의 철거
(http://www.defensiblespace.com/book/illustrations.htm)

1949년에 당선되어, 당시 인구감소가 진행되고 있던 이 마을의 선도 프로젝트를 구상하여, 뉴욕 시에 막 건설된 고층아파트 단지를 모델로 삼을 것을 설계자에게 요구했다. 당시 세인트루이스의 건설비용은 전국 평균보다 60% 높았고, 연방정부로부터의 한정된 보조금 범위 내에서 건설비를 충당하기 위해서는 비용을 최대한 절약해야 했기 때문에 획일적인 계획을 마련할 수밖에 없었다. 엘리베이터도 비용 절감을 위해 3층마다 정지하도록 설계했다. 그럼에도 당시 이 단지 계획은 주목을 받게 되었고, 1951년에는 *The Architectural Forum*이란 잡지의 상을 수상하기도 했다.[3]

그러나 겉만 화려했던 이 단지는 언제부터인가 범죄 소굴이 되었고 더 이상 사람이 살기 어려울 정도가 되어버려, 완공 후 20년밖에 지나지 않았음에도 철거될 수밖에 없었다(그림 1-2). 이상이 앞서 설명한 영화의 한 장면이다. 뉴욕의 비극적 주인공인 건물과 세인트루이스의 비극적 건물을 설계한 설계가가 동일 인물이었다는 점은 참으로 기묘한 운명이라 하지 않을 수 없다.

프루트이고 단지에서 발생한 비극의 원인이 반드시 설계자에게 있다고는 말할 수 없고 오히려 정치적인 문제에 있다고도 볼 수 있으나, 그렇다고

---

3) *The Architectural Forum*, April(1954), pp. 129~137.

그림 1-3
미노루 야마사키가 그린 미래상
(http://www.defensiblespace.com/book/illustrations.htm)

해서 설계 방법론에 전혀 책임이 없다고 확신할 수는 없다. 11층의 동일한 형태의 주동(柱棟)이 33동이나 늘어선 이 단지에는 사람들이 한적하게 생활하는 모습은 도저히 상상조차 할 수 없다. 여러 가지 제약이 있었다고는 하지만, 당시만 하더라도 보수적이었던 미국 풍토에서 근대건축 이론에 기초한 세련된 주택을 보급할 수 있는 기회를 눈앞에 두고, 야마사키는 자아도취에 빠져 있었음에 틀림없다. 그 결과 초래된 이 비극은 너무나 유명해져 버렸고, 세계적으로도 이렇게 단기간에 철거된 단지는 없을 것이다. 다음은 영국과 네덜란드의 사례를 살펴보도록 하겠다.

1.2 재개발의 실패

맨체스터 흄 지구

맨체스터는 19세기 중엽에 가장 번성했고, 그 이전의 거리는 중세시대의 어수선한 풍경을 연출하고는 있었지만 콤팩트하게 정돈되어 스케일감이 있었다. 하지만 산업혁명으로 대량의 노동자가 도시로 유입됨에 따라 교외 지구 개발이 추진되었다. 도심 남서부에 위치한 '흄'도 그러한 지구로, 그 지명은 본래 '습지'라는 의미를 지니고 있는 것처럼 주거지로서 그다지 적합한 지역은 아니었다. 1850년대 이후 주택 건설이 추진되어 1923년에는 13만 명이 거주하는 도시가 되었다. 맨체스터 전체 인구밀도가 ha당 85명이었던 시대에 흄 북부지구에서는 약 500명/ha이라는 과밀 상태가 발생하게 되었다. 그리고 1934년에는 영국 최대의 재개발지구로 지정되었다(그림 1-4).

그럼에도 이 지구는 1965년 메인 스트리트가 봉쇄되기 전까지는 활기 있는 도시였다. 다수의 상업시설이 입지했고, 그중에는 백화점으로

그림 1-4 1930년대의 재개발지구

불릴 정도의 대규모의 시설도 있었다. 지구에는 바리 등 유명한 건축가가 설계한 교회가 있고, 그중에서도 크로서가 설계한 센트메리 교회는 지금도 시내 최고의 첨탑을 자랑하고 있다. 또한 이곳에는 60여 개의 술집, 세 개의 양조공장, 두 개의 뮤직홀이 있을 뿐만 아니라, 던롭의 제조공장과 가스공장 등 수백여 개의 공장이 밀집하여, 금세공과 간판제작은 물론 최초의 롤스로이스 엔진도 이곳에서 설계되었다.

재개발은 1930년대부터 시작되어 서서히 추진되었으나, 1960년대에는 강제수용도 실시했고, 1965년에는 메인스트리트였던 스트레이트포드 거리가 봉쇄됨에 따라 본격적으로 재개발이 시작되었다. 설계는 시의 담당자가 했고, 그는 근대도시이론을 도입하여 고층개발로 공지를 확보하고, 보행자 지역과 자동차 동선을 분리했다. 또한 그는 스트레이트 포드 거리에 있던

그림 1-5 재개발 후의 흄 지구
가로는 소멸되었다(David Rudlin et al., 주5의 문헌, p.45).

그림 1-6 재개발 후의 흄 지구
전형적인 혼합 개발(고층, 중층, 저층 등 다양한 주동이 혼재하는 방식으로 이 당시 유행했다). 무엇이 문제였을까?(같은 책., p.46)

상업 시설들을 대규모 쇼핑센터와 근린센터로 분산 배치했다.

그 결과 13동의 고층주동과 6동의 편복도형 주동이 건설되었고, 후자 중에서 특이한 것은 바스의 초승달형 공동주택4)을 떠올리게 하는 '더클레센트'이다. 인구는 1970년 초에 약 5,000가구, 1만 2,000명의 규모로 감소했다(그림 1-5, 1-6).

당초 이 재개발은 성공한 것처럼 보였다. 하지만 1970년대 중반 어린이가 복도에서 떨어져 사망하는 사고가 발생했고 이에 따라 시의회는 이 지구에서 단독세대를 제외한 모든 가족세대를 퇴거시킬 것을 의결했다. 그 후 이 지구의 몰락은 예정된 코스를 밟게 되었다. 이것은 빈곤, 범죄, 마약, 실업이라는 연쇄반응이다. 그럼에도 이 지구는 맨체스터 대학과 인접하고 있는 입지특성 때문에 젊은이들이 거주하기 시작했다. 가족용 주택을 오피스텔로 이용하거나 레코딩 작업을 하는 등의 활동이 활발하게 이루어지게 되었고, 맨체스터 서브 컬처의 중심지가 되었다. 그중에는 아파트에서 6명을 고용하여 출판업을 하는 사람도 나타났다.

---

4) 로열 셀렉트. 19세기 영국의 건축가 존 우드 주니어가 설계한 초승달형 공동주택이다. 유명한 온천리조트지역인 바스에 건설됨

1980년대 말 정부조사에 따르면 입주자 중 고등교육을 받은 사람의 비율이 30%로 나타났는데, 이 수치는 맨체스터에서 가장 부유한 사람들의 거주 지역보다도 높은 것이었다. 그러나 교육받은 경험이 없는 사람도 30%였고, 실업률도 시내에서 가장 높았다. 그래도 젊은이들 사이에서 흄이라는 명성은 높았고, 그들은 재개발계획에 대하여 격렬하게 저항했다.

그러나 맨체스터 시의회는 그들과는 전혀 의견이 달랐고, 이 지구를 개선하기 위해 1980년대 중반부터 다양한 계획들을 통합·정리하여, 1990년대 초반에는 6동의 편복도형 아파트를 모두 철거한다는 결정을 내렸다. 그 결과 2,500세대의 주택이 철거되었고 그 대신에 준공영주택과 분양주택이 각각 1,026가구씩 건설되었다.[5]

이후의 상세한 내용은 나중에 설명하기로 하고, 이상의 사례를 통해서도 근대도시이론에 기초하여 고층화를 도모하고 공중 보행로 등으로 보행자와 자동차를 분리하고자 했던 이념은 오히려 많은 시민들로부터 외면당했다는 사실을 확인할 수 있었다.

이 외에도 전후 대량의 주택공급과 재개발로 조성된 택지지구가 비참한 상황에 처하게 된 사례는 손꼽을 수 없을 정도로 많다. 우리가 방문한 지구 중 한 곳을 소개한다면, 잉글랜드 동북부 헐 시 동부에 입지하여 전후 대량으로 공급된 일명 '카운실 하우징'이라 불리는 공영주택지구에서는 현재 재생계획이 추진되고 있지만, 고층단지에 거주하는 사람으로부터 총격당할 우려가 있는 등 굉장히 위험한 곳이기 때문에 접근하지 않도록 안내인으로부터 주의를 받을 정도였다. 안내해준 사람은 영국 도시계획 분야의 중진 인사인 이안 카푼 씨였다. 카푼 씨는 헐 시의 지구 재생계획에 참여하고 있고, 굉장히 친절한 성격의 소유자였다. 이 밖에 그에게 안내받

---

5) David Rudlin and Nicholas Falk, *Building the 21st Century Home*(Architectural Press, 1999).

은 곳은 최근 설치된 고령자 커뮤니티, 20세기 초기에 조성된 전원도시인 '가든 빌리지', 구시가지인 올드 타운 등이었다. 그중 인상적이었던 곳은 페런스 미술관에서 개최되고 있던 중심시가지 재생 마스터플랜 전람회와 시민 워크숍이었다. 커다란 종이에 시민이 다양한 의견을 써놓고 이것을 토대로 의논하는 방식으로 진행되었고, 실내는 열기가 넘치고 있었다. 코디네이터는 하이테크 건축으로 유명한 마이클 홉킨스 사무소이고 그 직원에게 열띤 실내 분위기에 대하여 물었더니, 노만 페스터와 리처드 로저스도 도시계획에 적극적으로 참여하고 있다는 대답이었다.

1.3 깨진 르 코르뷔제의 꿈

암스테르담 벨마미아 단지

프루트이고(Pruitt Igoe) 단지와 홈 단지는 이미 없어졌고 이제 다시는 그 참상을 실감할 수 없게 되었다. 그러나 암스테르담 시 남동부에 있는 '벨마미아 단지'를 방문했을 때, 그 거대한 스케일에 압도되어 '용케도 이런 곳에서 사람이 살 수 있구나' 하고 놀라지 않을 수 없었다(그림 1-7). 암스테르담의 환상형 운하로 에워싸인 광활한 부지는 구시가지 전체를 둘러싸고 있고, 그 내부에는 고가 자동차전용도로가 격자로 구성되어 있으며 그 격자 속에 11층의 만리장성을 떠올리게 하는 벌집형 평면 주동이 즐비하게 서있다. 주동의 1층과 2층은 공공 공간이었지만, 지금은 낙서투성이로 변했고, 사람의 모습은 찾아볼 수 없는 폐허와 같은 곳이었다. 주동 사이의 녹음은 짙었고, 마치 골프장에나 있을 만한 연못도 있었다. 그곳은 르 코르뷔제가 일찍이 구상한 '인간을 위해 개방된 녹색의 대지'였다. 그러나 이 곳에서도 사람의 모습은 찾아볼 수 없었고, 가끔씩 마주치는 사람들은 아

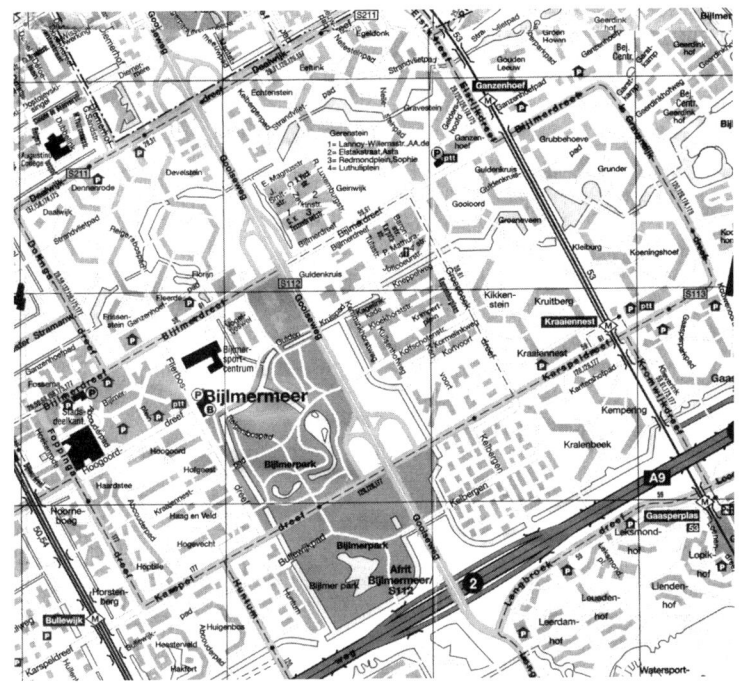

그림 1-7 벨마미아 단지 배치도
암스테르담 구시가지와 비교하면 가로밀도가 매우 낮다(Amsterdam ADAC City Plan, ADAC).

프리카계 사람들로, 이곳이 정말로 네덜란드에 있는 단지일까라고 눈을 의심할 정도였다.

단지 외곽에는 도심지역에서 오는 전철역이 있었고 그 앞에는 '아약스'의 홈구장인 축구장을 중심으로 오락시설과 쇼핑센터가 건설되어 있었다. 이것들은 모두 최근에 건설된 것으로, 과거의 모습은 찾아볼 수 없었다. 역에서 단지까지는 상당히 멀어서 버스를 이용해야 하는데, 휴일에는 거의 버스도 운행하지 않는다.

1950년대 암스테르담 시에서도 주택수요가 급증하자 구시가지 이외의 지역에 10만 명이 거주할 수 있는 뉴타운을 조성하기로 했다. 시 담당자는 이 도시에 근대도시이론을 적용하여 도시계획을 실천할 수 있는 기회로 여겼고, 이 거대한 이상도시의 프로젝트를 개시했다. 자동차도로는 2층

그림 1-8 완성 직후의 벨마미아 단지
(Hans Iberings, 20th Century Urban Design in Netherlands, NAI, 1999)

그림 1-9 완성 직후의 벨마미아 단지
(같은 책)

수준으로 높이고 지상은 보행자 전용공간으로 했고 상층부의 주거공간들은 엘리베이터로 연결되는 공중복도를 이용하여 이동할 수 있도록 했다. 이러한 계획은 당시 거의 꿈만 같다고 생각되던 미래사회의 도래로 받아들여졌다(그림 1-8, 1-9). 그들이 상정했던 미래의 주민은 중산계급의 네덜란드인 가족이었으나, 오히려 이들에게는 전혀 인기가 없었고 실제로 입주한 사람들은 저소득층과 당시 늘고 있던 구식민지 지역에서 이주해 온 사람들이었다. 이들 다른 문화를 가진 사람들도 이 거대한 단지를 살벌한 환경으로 받아들였고, 결국 이 단지는 모든 사람으로부터 혐오의 대상이 되고 말았다. 이 단지에 입주가 시작된 것은 1968년 11월이었지만, 그 이듬해부터 주민 항의집회가 개최될 정도였고, 1985년의 공실률은 25%에 달했다(그림 1-10).[6]

도대체 무엇이 문제였을까? 우선, 이 정도로 거대한 커뮤니티를 운영하고 관리할 시스템이 정비되지 못했다. 예를 들면 공중복도의 관리책임이 명료하지 않아 가로에 해당하는 부분은 위험한 곳으로 변질되고 말았고,

---

6) 벨마미아 단지의 실패에 대해서는 다음 문헌을 참조. 角橋徹也·塩崎賢明,「アムステルダム·ベルマミーア住宅団地の失敗の原因に關する研究」, ≪日本建築學會計畵系論文集≫, 第561号(2002), pp. 203~210.

그림 1-10 현재의 벨마미아 단지
매우 살벌한 풍경이다.

광대한 녹지의 관리에 대한 책임소재도 불명확하여 범죄가 다발하는 등 소프트한 측면에 대한 대책이 마련되지 않았던 것이 문제였다. 게다가 역사적으로 검증된 바 없는 완전히 새로운 커뮤니티를 형성하겠다는 계획이 실제로 거주하는 주민들의 다양한 욕구를 충족시키지 못했다는 점도 중대한 원인으로 생각된다.

암스테르담 시는 1980년대 이 계획의 완성을 단념하여 새로운 방법으로 도시설계를 변경했다. 이 점에 대해서는 뒷부분에서 부연 설명하도록 하겠다. 또한 벨마미아 단지도 보다 안전하고 살기 좋은 단지로 재개발하기 위해 현재 재생계획이 추진되고 있다.

1.4 근대도시이론이란

지금까지는 20세기 후반까지 세계 각지에서 근대도시이론에 근거하여 실천에 옮겨졌으나 결국 실패로 끝났던 사례에 대하여 기술했다. 그렇다면 근대도시이론이란 과연 무엇이었을까?

그것은 지금으로부터 1세기 전인 영국인 에베네저 하워드(Ebenezer Howard)가 제창한 전원도시구상으로 거슬러 올라갈 수 있다. 즉 맨체스터 흄 지구에서 경험한 바와 같이 산업혁명으로 도시로 인구가 모여들기 시작했고 이와 연쇄반응으로 교외지역으로의 스프롤 현상이 발생하게 되어 다양한 도시문제가 야기되었다. 이에 대한 대응책으로 보다 건강한 환경이 보전되어 있는 전원지대에 자족적인 도시를 건설하고 이들 도시들과 대도시(런던을 생각하고 있었다)를 철도와 도로로 연결한다는 구상이다. 또한 도시와 도시 사이에는 적극적으로 녹지를 보전하여 무질서한 스프롤을 방지하고자 했다. 하워드는 도시계획과 건축을 제대로 배운 적이 없는 독학생이었지만, 그의 이론은 다른 어떤 이론보다 강하게 20세기 도시계획에 영향을 미쳤다. 제2차세계대전 후 전후 부흥을 위해 세계 각지에 조성된 거의 모든 뉴타운은 이 이론을 반영하고 있다. 하워드의 사상이 실제로 반영된 도시는 런던에서 전철로 30분 정도 거리에 위치한 레치워스로 이 도시가 세계 최초의 전원도시이다(그림 1-11).[7]

하워드 다음으로 영향력이 있던 것은 르 코르뷔제(Le Corbusier)가 주도했던 '국제근대건축가회의(CIAM)'이다. 르 코르뷔제는 1928년에 스위스 라 사라에서 발터 그로피우스와 미스 반 데어 로에 등과 함께 이 조직을 구성하여 도시의 미래상에 대하여 활발하게 논의했고 근대건축이론에 토대한 도시계획을 주도했다. 르 코르뷔제는 전원도시 사상의 영향을 받고, 이 회의가 구성되기 이전부터 파리 대개조를 구상하여 건물의 고층화를 통해 지상을 녹지 낙원으로 조성한다는 계획을 발표했다. 그는 또한 자동차교통의 중요성에 일찍부터 주시하여 자동차전용도로를 지표면보다 높게 건설하여 보행자 공간과 자동차 공간을 분리할 것을 주장했다(그림 1-12).

---

7) 에베너저 하워드저, 長素連 譯, 『明日の田園都市』(鹿島出版會, 1969).
　東秀紀ほか, 『「明日の田園都市」への誘い-ハワードの構想に發したその歷史と未來』(彰國社, 2001).

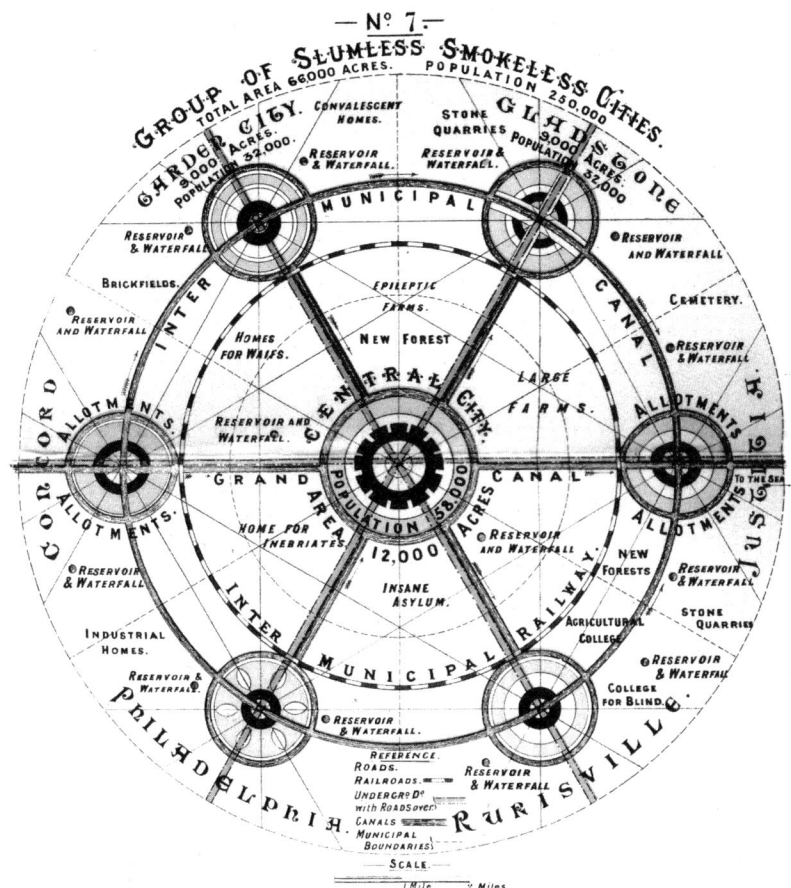

그림 1-11 하워드의 '전원도시 개념도'
도시와 전원이라는 로마시대부터 지속되는 서로 대립되는 개념에 대하여 어떻게든 타협점을 찾고자 시도되었다(E. Howard, *Tomorrow: A Peaceful Path to Real Reform*, 1898).

CIAM 이전에도 도시를 다양한 용도지역으로 분리하여 상호 간섭하지 못하도록 하는 정책이 각국에서 채용되고 있었지만, 특히 그는 거주하는 장소, 일하는 장소, 여가를 즐기는 장소 등을 명확히 분리하여 이들 용도를 도로망으로 효율적으로 연결하는 비전을 제시했다.

'바우하우스'[8]의 창시자이자 CIAM에도 참가했던 발터 그로피우스는

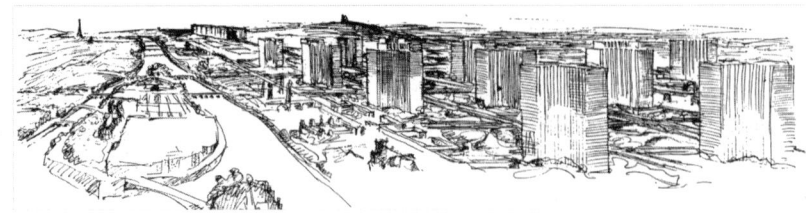

그림 1-12 **코르뷔제가 구상한 '이상도시'**
넘치는 태양과 녹지의 대지. 그러나 그곳에는 범죄와 밴덜리즘이 조용히 스며들고 있었다[Alison & Peter Smithson, *The Heroic Period of Modern Architecture*(Rizzoli, 1981), p.26.].

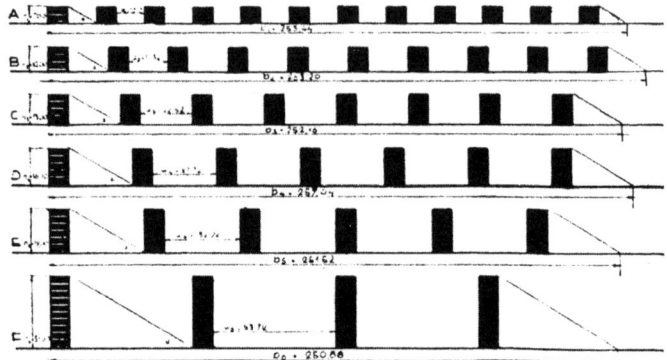

그림 1-13 **그로피우스의 '인동간격과 건물 높이 다이어그램'**
이를 기초로 저층고밀도의 도시로 재개발되고, 고층화되기 시작했다. 그러나 세계적인 추세는 이것과는 반대방향으로 움직이고 있었다(A & P. Smithson, 같은 책., p.66).

    최소한의 표준화된 주거공간을 배치한 판상형 중층 집합주택을 태양의 햇빛과 바람 방향으로 평행하게 배치하는 현재의 단지형식을 창안했다(그림 1-13). 이들 판상형 주동 사이의 공간은 자동차가 진입할 수 없게 보행자 공간으로 조성하여 여러 개의 주동을 둘러싸듯이 도로를 배치하는 일종의 '근린주구' 형태를 띠고 있었다.
    근린주구란 초등학교가 지구중심에 배치된 간선도로를 경계로 하는 커

---

8) 제1차세계대전 후 독일에 개설된 종합예술학교. 20세기 예술에 커다란 영향을 미쳤다. 초대 교장은 건축가인 월터 그로비스.

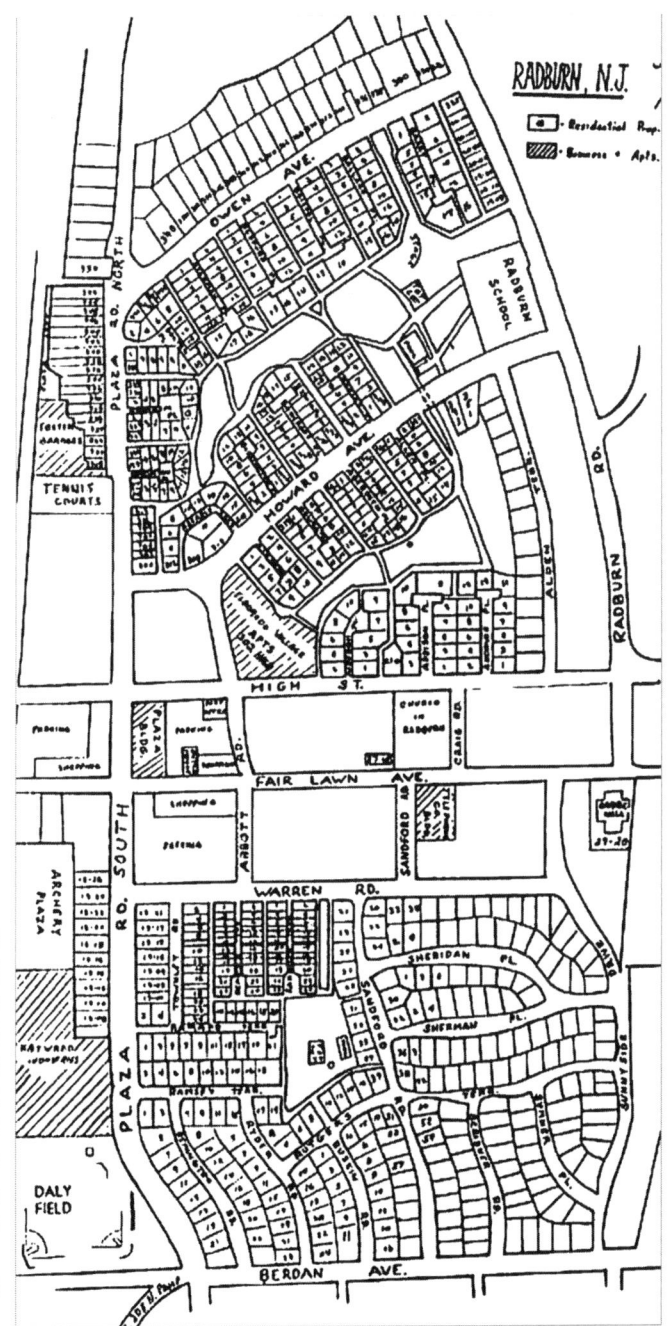

그림 1-14
래드번 단지의
배치도
'쿨데삭'은 보차
분리를 위한 이상
적인 수법으로 세
계적으로 채용되
었지만, 범죄가 증
가하는 현대에는
부적합한 것으로
지적되고 있다.
(http://www.rad
burn.org)

제1장 20세기의 실패 **27**

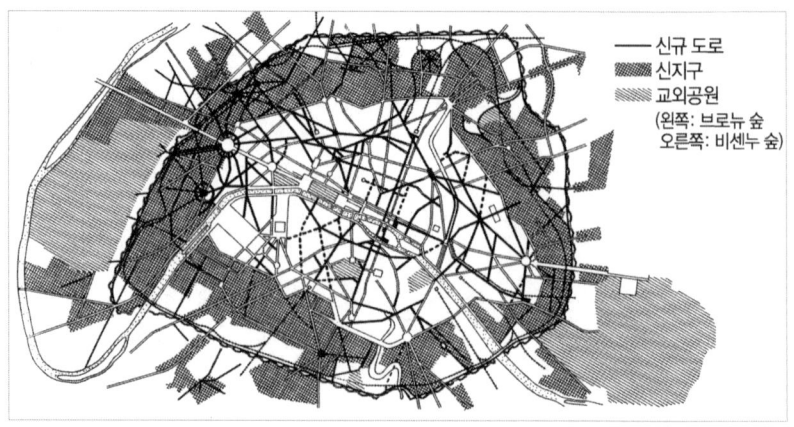

그림 1-15 오스만의 '파리 대개조'
구획정리의 시초.
레오나드 베네브로, 佐々木敬彦·林寬治 譯, 『図説都市の世界史 4』(相模書房, 1983), p.63.

뮤니티를 말하며 1929년에 클라렌스 페리(Clarence Perry)가 주장한 이론이다. 그는 자동차로부터 위협받지 않는 안전한 일상생활의 장소로서 완결된 주거지역을 계획의 단위로 해야 한다는 이론을 전개했다. 그가 개발한 주거지역 중에서 가장 유명한 곳은 뉴저지 주의 '래드번'으로 이곳에서는 '쿨데삭(막다른 회전도로)'이라는 소도로 변에 주택을 배치하고 그 뒤편에는 보행자 전용도로를 배치하는 '래드번 시스템'이 개발되어, 세계적인 주택개발 모델로 이용되었다(그림 1-14).

한편 중세 이후에는 보행자 스케일로 형성된 도시를 철거하고 새로운 교통수단 스케일에 맞추어 도시를 형성하고자 하는 움직임이 일기 시작했고 그 대표적인 사례는 나폴레옹 3세 통치하의 오스만이 계획한 파리 시 대개조이다(그림 1-15). 1851년부터 1870년에 걸쳐 실시된 이 계획에 매료된 코르뷔제는 1925년에 '플랜 봐잔'이란 계획을 발표했다. 이것은 한마디로 말하자면 저층 고밀도의 도시를 일소하여 고층화하고 지상에 녹지를 확보하자는 코르뷔제의 주장이고, 이 계획은 이른바 시가지재개발을 위한 모델로서 세계적으로 이용되기에 이르렀다. 오스만은 철거 대상지

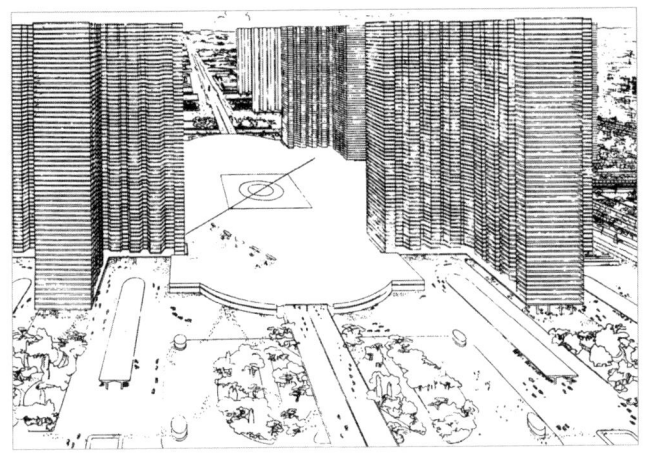

그림 1-16 코르뷔제의 '플랜 봐잔'
현대도시의 원형이다. 자동차가 주인공인 조각 작품
Le Corbusier, 1910~1929, *Editio d Architecture SA/Erlenbach*(Zurich: 1948).

의 지권자를 설득할 때 노폭이 확장된 '블루 벌'이라는 대로에 접하면서 높이가 통일된 건물을 세움으로써 충분히 보상받을 수 있다는 점을 제시했고, 이러한 수법은 지금도 구획정리와 재개발을 위한 단골 메뉴로 이용되고 있다.

근대도시이론은 이러한 다양한 수단을 구사하여 도시계획을 추진하고자 하는 이론이었지만, 제2차세계대전 이전에는 그다지 지배적인 이론은 아니었다. 하지만 전쟁이 종료되고 난 후 전후복구를 위해 도시계획을 신속하게 추진해야만 했었던 각국에서는 결국 이 방법론에 기초하여 계획을 추진할 수밖에 없었다. 그 결과 프루트이고, 맨체스터 흄 지구, 벨마미아 단지 등 무수히 많은 도시가 탄생하게 되었다. 그리고 그중 다수의 도시와 단지들은 그 후 철거되거나 재개발되는 운명을 거치게 된다.

1.5 20세기의 실패

이상의 건축이론에 기초한 도시계획을 요약하자면 다음과 같이 정리할 수 있다.

- 고층화와 표준화의 반복
- 기능주의에 근거한 용도 분리
- 보차분리와 도로 확폭
- 전원지향이라는 잠재적인 수요에 대비한 오픈스페이스의 확보

이것들은 앞에서 설명한 3개의 프로젝트뿐만 아니라 세계의 많은 근대도시에서 공통적으로 확인할 수 있는 경향들이다. 그리고 바로 이러한 경향들이 비극을 초래했다.

먼저 고층화는 범죄의 증가를 초래했다는 통계자료가 있다. 엘리베이터라는 밀실공간이 이동수단으로 한정된 고층주택이 범죄의 소굴로 변하는 것은 세계적인 경향이자 어쩌면 당연한 귀결이고, 안전수단을 제대로 마련하지 않으면 안전은 확보할 수 없다. 그리고 고층주택의 유지관리에 소요되는 막대한 비용을 상당수의 주민들은 부담할 수 없기 때문에 주거지는 급속히 슬럼화한다. 또한 고층화로 인한 지상으로부터의 소외감이 어린이의 정신적인 성장에 중대한 장애를 끼친다는 연구도 보고되고 있다.

고층화로 인하여 의도적으로 확보된 과도한 공지는 관리비용이 증폭되고 그에 상응하는 유지관리가 이루어지지 못한다면 마치 맹수가 서식하는 아프리카의 초원처럼 위험한 장소로 변하고 만다. 코르뷔제가 구상한 목가적인 녹지의 대지는 현대사회에서는 꿈도 꾸어서는 안 된다.

또한 일하는 장소와 거주하는 장소, 여가를 즐기는 장소 등의 분리는 교통량의 증대를 초래하는 한편 인구가 분산됨으로써 도시의 활기를 상실

하게 하는 결과를 낳고 있다. 거의 아무도 없는 밤의 도심부가 범죄 다발지대로 되고 있는 경향은 세계적인 도시 현상이다. 이러한 분리정책은 교외개발을 촉진시켜 그 결과 도심부의 공동화가 진행되고 있다. 앞에서 예로 들었던 세인트루이스에서는 1930년대부터 인구가 교외로 유출되어 지속적으로 감소했고 프루트이고 단지에 기대를 걸었던 시장의 바람도 허무하게, 1950년부터 1970년까지 20년간 23만 4,000명의 인구가 유출되어 이 도시권에서의 인구 비중은 51%에서 26%로 하락했다. 맨체스터 인구는 1931년의 76만 3,000명을 정점으로 그 후 감소하여, 2001년에는 39만 2,000명으로 거의 절반가량 감소했다. 이러한 인구이동은 중심시가지의 공동화를 초래했고 중대한 사회문제로 대두되기 시작했다.

한편 교외와 도심을 연결하는 교통은 대부분 자가용차에 의존하게 되어 에너지 소비가 급증하고 있다. 예를 들어 영국에서는 1981년의 전국 자동차 주행거리는 2,190억 km이었지만 1990년에는 3,310억 km로 증가했으며, 현재도 비슷한 증가율을 보이고 있다. 또한 교통부문에서 소비되는 에너지는 전 소비량의 1/3까지 상승하고 있다. 이러한 에너지 소비의 대부분은 탄산가스 배출량의 증대를 가져왔고, 지구 온난화를 초래한다고 지적된다.[9]

구획정리와 도시재개발 등에서는 대부분의 경우 도로의 연장이나 확장이 이루어진다. 방재 상의 이유와 교통안전을 위해 도로 확장이 바람직한 것으로 인식되고 있기 때문이다. 그러나 그렇지 않아도 사람이 줄고 있는 도시에 도로가 확장됨으로 인하여 한층 더 도시 쇠퇴를 가속시키는 결과를 초래했다. 차도와 보도를 분리할 경우 세심한 주의를 기울이지 않는다면 한적한 보도는 오히려 범죄에 노출될 기회가 많아진다. 또한 막다른 길은 범죄의 현장으로 변하기 쉽다.

---

9) David Rudlin et al., *Building the 21st Century Home*, p.78.

근대도시이론의 구축에 관여한 사람들은 누구나가 일종의 유토피아를 꿈꾸며 다양한 이론들을 제안했다. 그 제안들은 아무런 악의도 없었다. 그리고 그것을 실현하고자 노력했던 제2차세계대전 이후의 계획가와 건축가는 모두 선의에 넘쳐 있었다고 말할 수 있다. 그러나 그러한 노력은 비참한 결과를 낳고 말았다. 이러한 비극이 선의에 의해 초래되었다는 점은 불행히도 운명의 장난이었던 것이다. 아마도 그 원인 중 하나는 도시계획에 관여했던 사람들이 실제로 그 도시에 거주하지 않거나, 거주한다고 해도 주위의 다양한 환경을 충분히 고려하지 못했거나, 크고 높은 곳에서 본 원칙론만으로 사물을 판단했던 것에 그 원인이 있다고 생각한다. 즉 지역의 주민이 계획에 참가하지 않았던 것이 가장 큰 문제였던 것이다. 이러한 반성을 통해 현재는 계획 입안 단계에서의 주민참가는 필수 불가결한 요건이 되고 있다.

제2장

새로운 개념

앞 장에서 살펴본 실패 사례는 겨우 빙산의 일각에 불과하다. 일본에서도 뉴타운 건설, 재개발사업, 구획정리사업 등 근대도시이론에 입각하여 개발된 도시들이 각지에서 파탄 나고 있다. 이러한 현상은 대체적으로 선진국에서 공통적으로 일어나고 있으며, 각국은 근대도시이론을 대신할 새로운 개념을 모색하고 있다. 이번 조사에서 우리가 찾고자 했던 것은 바로 그러한 새로운 조류를 반영하고 있는 현장의 생생한 장면이다.

신조류 중 특히 잘 알려져 있는 것은 '콤팩트시티'라는 개념이지만, 이 일반 명사화된 개념이 구체화된 사례로는 미국의 '뉴어버니즘'과 영국의 '어번빌리지'를 들 수 있으며, 이는 각국의 국가정책에도 영향을 미친다는 점에서 주목할 만하다. 본 장에서는 그 배경에 대해 상세하게 기술한다.

2.1 콤팩트시티

앞 장에서 설명한 바와 같이 20세기 도시계획이 실패한 것은 어쩌면 당연한 귀결이었으며 그것을 보완하려는 움직임이 각지에서 일어났다. 그러한 움직임에 어느 정도 공통된 특징으로는 과거 도시계획의 방향이 확대발전의 지향이었다고 한다면 지금은 오히려 축소 고밀화를 지향한다는 점이고, 이러한 움직임을 총칭하여 '콤팩트시티'라 부른다. 이 개념은 근대도시이론에 대한 반성에서 출발하여 도시를 중세시대의 도시처럼 콤팩트하고 활기 넘치게 가꾸자는 비전을 실현하고자 탄생된 용어다.

이 개념의 시초는 1970년대 단치그와 사티라는 MIT(매사추세츠 공과대학)의 산업공학(operations research)을 전공하는 학자들이 제창한 개념적인 가상 도시였다. 이것은 직경 2.66km의 8층 건물에 인구 25만 명을 수용하면 이동거리도 짧고 에너지 소비를 최소화할 수 있다는 이론이다. 또한 높이와 직경을 2배로 만들면 200만 명을 수용할 수 있는 도시도 만들 수 있다고 한다. 이것은 오일 쇼크 이후 에너지 위기에 대한 반성과 당시 싹트고 있던 환경의식을 반영한 극단적인 이론이었고 그 후 선진국을 중심으로 콤팩트시티에 대한 논의가 활발하게 전개되었다. 하지만 원래 넓은 공간을 좋아하는 미국과 오스트레일리아 등 신대륙국가, 전통적으로 전원지향이 강한 영국 등에서는 이 이론을 강경하게 비판해, 콤팩트시티는 에너지 소비 절감의 효과도 미약하고 오히려 도심부 집중으로 인한 정체와 대기오염, 소음 피해가 증가할 것이라는 등의 인식이 널리 퍼져나갔고 이 이론을 부정하는 움직임이 활발했다. 또한 네덜란드에서도 지금까지 추진해 온 콤팩트시티 정책을 수정하고자 하는 움직임이 일고 있다. 한편 급격하게 도시가 성장하고 있는 개발도상국에서는 이 개념이 주목을 받고 있고 향후 채택될 가능성이 높을 것으로 생각된다.

옥스퍼드 브룩스 대학의 마이크 젱크스(Mike Jenks) 교수는 이러한 찬반 논쟁을 함께 실은 논문집을 편집하여 커다란 반향을 일으켰다.[1] 또한 일본에서는 메이조(名城) 대학의 가이도 기요노부(海道淸信) 교수가 이 개념

---

1) Mike Jenks, Elizabeth Burton & Kate Williams, 海道淸信監譯, 『コンパクトシティー持續可能な都市形態を求めて』(神戶大震災復興市民まちづくり支援ネットワーク, 2000).

을 소개했고 지진 피해를 입었던 고베를 비롯한 일본 주요도시에서도 콤팩트시티 정책을 도입하고 있다.[2]

그런데 이 콤팩트시티라는 개념은 지속가능한(sustainable) 도시의 공간형태로서 제기된 도시정책 모델이다. 다음 절에서는 '지속가능성'이란 개념이 어떤 경위를 통해 주목받게 되었는지에 대하여 서술하겠다.

2.2 지속가능한 도시

'지속가능성(sustainability)'이라는 단어는 1972년 로마클럽의 한 연구 보고서에서 처음으로 사용되었다. 로마클럽이란 지구환경 모델시스템을 구축하여 인류의 기초적인 욕구를 만족시키면서 어떻게 하면 지구가 영원히 존재할 수 있을까를 연구하는 30인의 과학자와 전문가 그룹이다. '성장의 한계'를 키워드로 설정한 이들의 생각은 당시 공업화시대에는 이단시되었다. 그러나 이 보고서가 발표된 같은 해에 유엔의 인간환경회의가 스톡홀름에서 개최되었고 이 회의에서는 인류는 환경에 대하여 세심하게 배려해야 한다는 '인간선언'을 발표했다. 이 선언 중에 개발과 환경의 조화를 뜻하는 단어로서 지속가능성이 사용되었다.

이 단어가 지구환경문제에 관한 중요한 키워드로 널리 알려지게 된 계기가 된 것은 유엔의 환경과 개발에 관한 세계위원회인 브룬틀랜드위원회가 1987년에 발표한 '우리 공통의 미래'라는 보고서이다. 이 중에는 '지속가능한 개발(sustainable development)'을 "미래 세대의 욕구를 충족시킬 능력을 저해하지 않으면서 현재 세대의 욕구를 충족시키는 개발"이라 정의하고 있다.

---

[2] 海道清信, 『コンパクトシティ—持續可能な都市形態を求めて』(學芸出版社, 2001).

유럽에서의 지속가능성에 대한 정책과 콤팩트시티와 관련된 실질적인 움직임은 1990년 EC(European Community)위원회가 발표한 『도시환경에 관한 백서』가 그 시초다. 이 백서에는 콤팩트시티에 대한 직접적인 언급은 없었지만 유럽 시민들이 대부분 생활하고 있는 도시지역의 환경오염 방지, 그린필드(green field; 전원지역 등 아직 개발되지 않은 토지)에서의 신규 개발의 억제, 도시 정체성을 유지하기 위한 역사적인 문화재의 보전, 대중교통의 보급 등 콤팩트시티 이념을 구체적으로 제시했고 이러한 이념을 실현하기 위한 가장 에너지 효율이 높은 지속가능한 도시 형태로서 콤팩트시티를 장려하고 있다. 또한 국토계획의 역할은 계획의 달성과 개발의 컨트롤에 있다고 보고, 각국에서는 이 도시 형태를 중시하고 있다.

1992년에는 유엔환경개발회의(일명 리우 서미트)가 개최되었고 이 회의에서는 NGO, 정부, 기업이 협력하여 환경을 보전하기 위해 21세기를 향한 행동계획인 '의제 21'을 채택하여 환경조약이 체결되었다. 또한 이듬해인 1993년에는 EC위원회의 도시프로젝트인 '서스테이너블 시티프로젝트'가 시작되었다. 위원회는 이보다 앞서 1991년에 프로젝트 도시환경에 관한 전문가 그룹을 발족시켰다. 또한 이 위원회는 1994년에 이미 1991년에 발간된 『유럽 2000』의 개정판인 『유럽 2000+』를 발간하여 간선교통체계 구축을 통한 도시 네트워크 형성을 목표로 하는 다핵적인 도시체계를 제시했다. 1996년에는 전술한 EC위원회의 도시환경 전문가 그룹에 의해 『서스테이너블 시티 리포트(Sustainable City Report)』가 발간되었다. 이 보고서는 도시 관리, 포괄적 정책, 에코시스템, 협력과 연계 등 개발의 원칙을 명시하고 있다.

1997년 EC위원회는 『EU의 도시의제를 향하여』를 발표했다. 이 보고서는 유럽에서는 대다수의 시민이 도시에 거주한다는 상황을 염두에 두고 지속가능한 발전방향을 제시했고 가맹국들로부터 공통적인 이해관계의 확인과 지지를 얻었다. 그러나 이 보고서는 빈곤, 여성의 사회진출, 실업

문제 등 주로 경제문제를 중점적으로 다루었기 때문에, 다음해인 1998년 EC위원회의 도시환경 전문가 그룹은 이에 대한 의견서를 제출하여 환경문제가 가장 중요하다고 지적했다. 이 중에는 도시의 재생과 건물의 재이용, 복합적인 토지이용, 대중교통수단 이용 촉진 등 환경문제와 연계한 도시정책의 제안이나 콤팩트시티에 대한 구체적인 내용도 들어 있다.

이러한 경위를 거쳐 지속가능한 도시를 지향한다는 콤팩트시티의 개념이 유럽 전역에 확산되어 갔다. 미국에서는 스프롤을 묵인하는 풍토가 있어 국가정책으로서 콤팩트시티를 추진하고자 하는 의지는 거의 없었지만, 개별 도시는 도시성장을 억제한다는 '스마트 성장(smart growth)' 등의 정책을 전개하고 있었고 이에 대응하여 클린턴 정권시대에는 '라이버블 커뮤니티 아젠다'가 발표되어, 연방정부로서도 도시정책에 적극적으로 관여한다는 기본 방향을 제시했다.

전술한 바와 같은 움직임이 과연 구미 선진국에서는 어떻게 구체적으로 실천되고 있는지에 대하여 미국, 영국, EU(대륙국가)로 구분하여 다음 장에서 논의하도록 하겠다.[3]

2.3 미국의 움직임

에지 시티에서 뉴어버니즘으로

오래전부터 미국에서는 도시계획은 지자체에게 맡긴다는 풍토가 있었고, 지자체의 중요한 역할은 주민의 자산 가치를 보호하기 위한 도시계획

---

[3] 본 절의 내용은 가이도 기요노부가 저술한 『コンパクトシティー持續可能な都市形態を求めて』에 크게 의존하고 있다. 가이도 교수에게는 본 연구에 관련하여 여러모로 교시를 받았다. 심심한 사의를 표한다.

의 집행에 있다고 말할 수 있었다. 그러나 점차 지자체 간 세분화된 이해가 충돌하거나, 지자체의 이기주의가 환경파괴를 초래하는 등의 폐해가 발생하게 되었고 이에 따라 주정부 컨트롤의 필요성이 인식되기 시작했으며 결국에는 연방정부도 지침을 마련하게 되었다.

한편 미국의 많은 도시는 교외지역으로의 스프롤로 인하여 중심시가지 공동화 현상이 나타났고 대도시 외곽지대에 상업, 업무, 거주 기능이 집적하여 자족적인 '에지 시티(edge city)'라는 교외도시가 생겨나는 기현상까지 벌어지고 있다.[4] 미국에서는 조세 수입의 74%를 고정자산세가 차지하고 있을 정도로 지자체는 고정자산세를 많이 거둬들이기 위해 업무기능의 유치에 열을 올리고 있고 이것은 어쩌면 당연한 현상으로 여겨지고 있다. 즉 처음에는 교외주택지로 개발된 지역도 나중에는 독자적인 지자체를 구성하고 업무기능을 유치함으로써 에지 시티와 같은 자립적인 커뮤니티로 성장하게 된다. 반면 종래의 도심부는 업무기능을 상실하게 되고 세입도 감소하기 때문에 공공서비스를 충분히 공급하지 못하게 되는 등의 문제가 발생하게 되어 결과적으로는 슬럼화가 진행된다.

이러한 경향에 대하여 다양한 비판이 제기되었다. 첫째는 중심시가지의 소멸로 인하여 커뮤니티의 정체성이 사라진다는 우려다. 둘째는 중심시가지에는 이미 충분한 도시기반시설이 정비되어 있는데 이것들을 제대로 이용하지 못하고, 교외지역에 새로운 기반시설을 정비하는 것은 비경제적이라는 비판이다. 셋째는 자동차 이동을 전제로 한 대량의 에너지 소비를 조장하고 있다는 비판도 있다. 넷째는 지금까지 고령화율이 낮았던 국가에서도 2025년에는 베이비 붐 세대의 고령화에 따라 고령화율이 20%를 초과할 것으로 예상되고 있어 자동차 의존 생활이 계속되지는 않

---

[4] 에지 시티라는 용어는 워싱턴 근교에 생긴 상업시설이 발전하여 그곳에 거주를 비롯한 각종 도시기능이 집적하는 현상을 ≪워싱턴 포스트≫의 조엘 가로 기자가 이름붙인 것이다.

을 것으로 예견되고 있다.

이러한 점을 배경으로 미국에서는 지방정부에서 연방정부까지 각종 정책들이 추진되어왔지만 그중에서도 주정부 수준에서 전개되는 '스마트 성장' 정책이 주목받고 있다. 이것은 한마디로 도시중심부와 교외를 종합적으로 분석해 도시를 효율적으로 관리하고 환경부하를 최소화하는 정책으로서 연방환경보호국이 중심이 되어 '스마트 그로스 네트워크'를 발족시켰다.5)

이러한 상황에서 탄생하게 된 것이 '뉴어버니즘'이다. 이것은 민간이 주도해 도시를 개발하는 등 새로운 개념을 제시했고 또한 클린턴 정권에게도 영향을 주었으며 이점에 대해서는 후술하도록 하겠다.

2.4 영국의 움직임

전원도시에서 어번빌리지로

19세기 초반부터 영국에서는 도시인구가 지속적으로 증가했고 이로 인해 도시의 성장이 계속되었다. 이후 무질서하게 공급되어 온 주택정책을 보완하기 위해 1840년부터 각지에서 지방조례가 제정되었고, 이윽고 1877년에는 국가도 법률을 제정하기에 이르렀다. 이 당시에 건설된 집합주택을 '바이 로우(조례) 테라스'라 했고 이것이 20세기 초반까지 영국 도시주택의 표준이었다. 앞에서 설명한 맨체스터 흄 지구에도 1930년대까지 이러한 주택이 남아 있었다. 이 주택은 도로변에 거실을 배치하고 이면

---

5) 小泉秀樹, 西浦定継編, 『スマートグロースーアメリカのサステイナブルナ都市圏政策』(學芸出版社, 2003).

에는 침실을 배치한 직사각형태의 구조를 하고 있었으며 이러한 주택이 옆으로 연결되어 하나의 주동을 이루었고 밀도는 높지만 하나의 주동 전후에 입구를 설치했기 때문에 이전의 주택과 비교하면 거주환경은 상당히 개선되었다. 한편 도시의 부유층은 교외로 이주해 좀 더 여유로운 주택에 거주하기 시작했다. 철도, 노면전차, 버스 등의 노선이 연장되면서 중산계층도 토지 가격이 낮은 교외에 자기 집을 소유할 수 있게 되었고 이에 따라 교외지역은 급속히 개발되었다. 이 당시 모델이 되었던 것이 하워드가 제안한 전원도시구상이었고 레치워스와 햄스테드가든서버브 등의 지역에서 도시개발이 이루어졌다.

주택의 대부분은 민간이 공급했지만 제1차세계대전 이후 주택부족에 대응하기 위해 공영주택 건설에 관한 법률이 1919년에 제정되었다. 이 법에 근거해 조성된 공영주택은 일반적으로 '카운실 하우스'로 불렸다. 이 때 참고로 한 매뉴얼은 존 튜더 월터스(John Tudor Walters) 옹이 주관하는 위원회가 '세계대전의 영웅에게 살기 좋은 집을'이라는 캠페인과 함께 정리한 보고서였다. 그리고 그 골자는 레치워스의 설계자였던 배리 파커(Barry Parker)와 레이몬드 언윈(Raymond Unwin)의 전원주택풍 디자인이었다.

제2차세계대전이 종료됨에 따라 전후부흥주택의 건설이 시작되었고, 번갈아 가며 정권을 담당했던 노동당과 보수당은 경쟁적으로 주택건설수량을 서로 자랑하고 있었다. 그러나 한정된 재원으로 최소한의 주택면적을 저렴한 비용으로 공급하기 위해서는 토지 비용을 절약해 고층화할 수밖에 없었다. 그러나 이런 공급방식은 입주자의 욕구와는 거리가 먼 것이었다. 또한 이 공영주택은 이러한 주택에 관심이 많은 학자, 도시계획가, 건축가에게 있어서는 절호의 실험대상이 되었지만 일반인들이 선호하는 보수적인 디자인과는 괴리가 있었다. 한편 교외지역에서는 뉴타운 건설이 계속되었고 도심부에서는 대규모 재개발이 이루어졌다. 맨체스터 흄 지구의 재개발도 그중 하나다.

민간건설 부문은 소비자가 선호하는 디자인의 주택을 개발압력이 높은 교외지역에 공급함으로써 사업이 확대되었다. 그러나 그 후 주택시장은 급격하게 변화해, 1980년대의 집값 폭등과 폭락, 1990년대의 회복 등의 흐름 속에서 공급자 논리만으로 주택을 건설해서는 리스크가 크다는 점을 개발업자들이 통감하게 되었다. 따라서 이들은 최신의 도시이론 등을 적용하거나 시장변화를 주시하는 등 신중한 태도를 취하게 되었다.

한편 공공부문의 재정상황이 열악해지면서 종래의 카운실 하우스 제도는 폐지되었고, 이를 대신해 1988년에 제정된 「하우징 법」에 근거한 '주택협회'라는 조직에 의해 주택 공급이 이루어졌다. 이를 계기로 민·관이 파트너를 형성해 건설하는 시스템이 탄생하게 되었다. 또한 과거의 독선적인 공급방식에 대한 반성에서 주민의 요구를 반영하는 시스템도 도입되었다. 그러나 다양한 공급형태가 상존하는 가운데 주택협회가 공급하는 주택은 종전의 카운실 하우스와 유사한 문제가 발생하게 되었다.

도심부의 몰락은 제1차세계대전 후 이미 시작된 것이었지만 특히 1970년대 이후 본격화되어 맨체스터 등에서는 인구가 절정기의 절반수준에 머무를 정도로 비참한 것이었다. 이러한 상황에서 대처 정권은 대도시 재생을 위해 각지에 도시개발공사를 설립해 도시재생사업을 추진하기에 이르렀다. 1981년 이후의 일이었다. 현재 이 공사는 해산되었지만 그 자산은 지자체와 '잉글리시 파트너십(EP)'이라는 정부관련기관으로 계승되었다.

현재 주요 도시재생사업은 지자체와 EP, 국가, EU의 파트너십 및 민간자본이 공동으로 추진하는 경우가 많다. 보수당 정권시절에는 '시티 챌린지(city challenge)', 블레어 정권시절에는 '어번 르네상스(urban renaissance)'로 불리는 정책이 도시재생사업을 지원했다. 이러한 정책의 추진으로 영국에서는 그린필드 개발을 억제하면서 도심부 재생에 중점을 둔, 넓은 의미에서의 콤팩트시티를 지향하고 있다고 말할 수 있다. 전술한 젱크스 교수는 콤팩트시티의 지속가능성에 대한 실증연구를 국가의 지원을 받으면서 수행하고 있다.

한편 찰스 황태자는 1980년대 말부터 자신의 재산이라고 생각하고 있는 국토의 미래에 대해 적극적인 관심을 보였다. 그는 도시연구를 위해 황태자재단을 설립했고 또한 '어번빌리지 포럼(Urban Village Forum)'이라는 조직을 구성해 영국 내 각지에서 독자적인 이념을 바탕으로 도시재생사업을 추진하고 있다. 그 이념은 영국 정부의 지침인 '도시정책가이드라인(PPGs)'에도 반영되어 강력한 영향력을 미치고 있다. 그 실태에 대해서는 후술하도록 하겠다.6)

2.5 EU 국가의 움직임

네덜란드, 독일, 프랑스의 콤팩트시티

네덜란드는 규슈 지역과 비슷한 면적의 국토에 1,600만 명(규슈는 1,346만 명)이 거주하는 국가이지만, 국토의 4분의 1이 해면보다 낮은 간척지라는 거주환경을 지닌 나라로서 지속가능성은 국가 존망의 중대한 문제로 여겨지고 있다. 그러나 이렇게 국토가 인공적으로 형성하게 된 역사적 배경에는 '폴더 모델'이라는 독특한 합의형성시스템이 있었고 이 시스템은 '네덜란드 모델'로서 세계적으로 주목받고 있다. 또한 국토 전역을 대상으로 개발방향을 제시한 '공간계획'이 있으며 도시계획 등도 이 계획에 근거해 추진된다.

19세기 후반에 산업혁명을 맞이한 이 나라에서는 식민지로부터의 막대한 이익을 바탕으로 근대국가로 발전하게 된다. 그 결과 대도시로 대량의

---

6) David Rudlin et al., *Building the 21st Century Home*, 제4장.

공장노동자가 유입되었다. 예를 들면 암스테르담의 인구는 1870년 26만 명 정도였으나 1900년에는 51만 명으로 거의 배로 증가해 주택문제가 심각했다. 이 결과 1901년에는 「주택법」을 제정해 이 문제에 대처하고자 했다. 이 법은 건축규제, 도시계획, 주택공급제도 등을 중심내용으로 하고 있었고 그 후 몇 차례 개정되었으며 지자체, 주, 국가의 역할분담을 명확히 구분했다. 1965년에는 「공간계획법」이라는 도시계획에 관한 법률이 제정되어 「주택법」으로부터 독립하게 되었다. 공간계획은 1960년 이후 10년마다 개정되었고 현재는 '제5차공간계획'이 추진되고 있다.

네덜란드의 도시계획은 이러한 흐름 속에서 추진되고 있으며, 가도하시 데쓰야(角橋徹也) 씨는 다음과 같이 4단계로 구분하고 있다.[7] 제1기는 1900년부터 1920년대까지 기간으로서 시가지개발에 질서를 확립한 '계통적 성장기', 제2기는 1930년대부터 1950년대에 걸쳐 도시집중을 유지하면서 외연적 확산을 모색하는 '집중적 성장기', 제3기는 1960년부터 1980년대에 걸쳐 기존 교외도시로의 인구분산을 지향하는 '계획적 분산기', 그리고 1990년대 이후의 도심회귀를 모색하는 '콤팩트시티기'이다. 그리고 금번의 공간계획 수정과정에서는 도심 집중이 성장률을 저해하는 등 다양한 폐해를 낳고 있다고 지적하면서 지금까지는 성역화하여 개발을 억제했던 국토 중심부의 '그린하트(green heart)'라는 광대한 그린필드로의 도시 확장을 허용하는 등 새로운 정책이 도입되었다.

이렇게 정책이 바뀌게 된 배경 중 하나는 네덜란드 인구구성의 변화다. 네덜란드 인구는 19세기 후반 이후 지속적으로 성장해 지금도 증가 추세이다. 그 요인 중 하나가 식민지 독립 등에 따른 이민의 유입이다. 예를 들면 2002년 암스테르담 시의 인구 중 네덜란드 출신자의 비율은 53%에 지

---

7) 角橋徹也·塩崎賢明, 「オランダ住宅政策の構造改革に關する硏究―社會住宅の民營化と持ち家政策の影響評価」, ≪日本建築學會計畵系論文集≫, 第559号 (2002), pp. 195~202.

나지 않는다. 이러한 인구증가와 인구구성의 변화에 대응하기 위해서는 도시정책도 변화할 수밖에 없었던 것이다.

중앙집권적인 탑다운 방식으로 추진되어 온 종래의 도시계획은 급변하는 현실에 신속히 대응하기 위해 지방분권화를 모색하게 되었고, 이런 상황에서 다양한 이해와 의견 대립을 지양하면서 도시계획을 추진하고자 현재의 정책이 도입되었다.

한편, 독일은 일본처럼 제2차세계대전의 패전국으로, 공습으로 많은 도시가 잿더미로 변했다. 그러나 지금까지 두 국가의 전후 복구의 결과를 비교해 보면 상당히 대조적인 면을 발견할 수 있다. 일본인 관광객이 많이 방문하는 로맨틱한 가로뿐만 아니라 흔히 볼 수 있는 도시와 농촌조차도 놀랍도록 아름답다. 이와는 대조적으로 일본의 도시는 비교가 되지 않을 정도로 비참하다.

이런 차이가 발생하는 원인 중 하나는 도시의 구조와 역사에 있다. 독일은 원래 소국가의 집합체로서 현재도 지자체의 자율성이 높다. 그리고 도시의 대부분은 중세 이후의 성곽도시 구조를 계승하고 있고, 중심시가지는 그 성내에 콤팩트하게 형성되어 있다. 따라서 윤곽이 불명확한 도시구조를 형성하고 있는 일본의 도시와는 완전히 다른 양상을 띤다. 또한 독일 도시공간의 대부분은 윤곽이 분명한 벽돌건축 등으로 구성되고 있는 반면, 일본에서는 윤곽이 애매한 목조건축으로 구성되고 있다는 점에서도 서로 다른 도시 형태를 보이고 있다.

하지만 보다 본질적인 차이는 법률제도의 차이에서 발생하고 있다는 지적이 있다. 독일의 현재의 도시계획은 1960년에 제정된「연방건설법」으로 집행되고 있다. 이 법은 1986년에「도시건설촉진법」과 통합되어「건축법전」이 되었다. 이 법률의 특징은 'F플랜'이라는 토지이용계획과 'B플랜'이라는 지구상세계획을 도입했고 특히 B플랜으로 건물의 형태를 제어하고자 했던 것은 현재의 질서정연한 도시 분위기를 형성하는 데 크게 공헌했다고 한다. B플랜에서는 개별 건물의 위치와 형태, 색채 등까지 규정할 수 있고, 이 계획이 수립된 지구에 거주하는 주민은 일본에서는 흔히 볼 수 있는, 어느 날 갑자기 고층 아파트가 인접해 들어서는 현상을 염려하지 않아도 된다. 한편 B플랜을 수립하는 과정에는 자연스럽게 각종 이해관계가 얽혀서, 독일에서도 이를 해결하기 위해 다양한 수단들을 동원하고 있지만 원만하게 해결하지 못하고 있는 점은 세계적인 추세와 일맥상통하고 있다.[8]

하지만 B플랜에 의한 경관규제는 일본에서도 「경관관련법」이 제정됨에 따라 최근 주목받기 시작했고, 향후 일본 각 지역에서는 B플랜과 유사한 '지구계획'이 수립될 것으로 전망된다.

한편 예전의 성곽도시 대부분은 그 성벽이 헐리고 그 외곽에 근대적인 신시가지가 확대되고 있다. 그러나 구시가지에는 앞서 설명한 경관규제가 실시되고 있고, 자동차교통의 유입을 억제하고 대중교통과 보행자만이 지배하는 영역(미국에서는 '트랜짓몰'이라 한다)을 확보해, 환경부하를 삭감하면서 도시의 매력을 증진시키는 등의 시책이 추진되고 있다. 이야말로 앞서 설명한 콤팩트시티 그 자체이고 향후 일본 도시정책을 추진함에 있어서 좋은 모델이 될 것으로 생각된다.

프랑스 도시계획의 특징으로는 도농 통합이 전개되고 있는 일본과는 대조적으로 지자체가 많고 '코뮌'이라는 교회 교구에서 유래하는 기초자치단체가 전국에 3만 6,000여 개나 있다는 점을 꼽을 수 있다. 이들 기초단위에서 수립되는 것이 '토지점유플랜(POS)'이고, 이것이 각지에서 특색 있는 도시계획을 전개하고 있다. 또한 흥미로운 것은 1982년에 제정된 「교통기본법(LOTI)」으로 이 제도를 통해 프랑스에서는 모든 국민이 이동할 권리(교통권)를 보장받게 되었다. 이를 근거로 저소득층, 고령자, 심신장애우 등의 이동

---

[8] 春日井道彦, 『人と街を大切にするドイツのまちづくり』(學芸出版社, 1999年).

수단인 대중교통 정비 사업이 확대되고 있다. 또한 2000년 후반에는 「도시재생연대법(SRU)」이 제정되어 도시계획에 주택공급계획과 교통계획이 포함되었다.

이러한 제도적 배경을 바탕으로 많은 도시에서 LRT(light rail transit) 등을 포함한 대중교통망의 정비가 추진되고 있고 그중에서도 중심시가지 활성화에 성공한 스트라스부르(Strasbourg) 시의 사례는 시찰자들의 방문이 끊이지 않고 있다. LRT란 LRV(light rail vehicle)라는 신형 차량을 이용한 노면전차 운행시스템이다. 또한 프랑스 제2의 도시 리옹은 TGV(신고속간선철도)를 비롯한 메트로, 케이블카 등을 활용해 종합적으로 도시교통망을 정비한 모델 사례로 꼽히고 있다. 파리 시에서는 코뮌마다 특색 있고 흥미로운 시책을 추진하고 있고 보다 상세한 내용은 참고문헌9)을 참고하길 바란다. 그중 한 가지 사례를 든다면 '헐고 새로 짓기(scrap and build)'형 재개발을 통해 생긴 공지 중 도로와 접한 공지에는 중층 건물을 세워 가로의 안전을 확보한다는 '자투리형성' 수법이 있다. 파리 시는 이 수법을 통해 파리가 지니고 있던 종래의 도시 분위기와 스케일감을 회복했고 아울러 주민의 안전도 확보하게 되었다.

또한 프랑스의 경우 국가에서 코뮌에 이르기까지 정권교체가 잦고, 그때마다 정책이 변경되는 경우가 많다. 예를 들어 LRT를 채용하고 있는 도시의 시장은 좌파인 경우가 많다고 한다.

도시재생연대법(SRU)에 연대라는 용어가 붙은 이유는 사회당 정권시대에 제정되었기 때문이다. 이점은 영국도 비슷하여 보수당이나 노동당 등 정권이 바뀔 때마다 정책도 변경된다. 도시계획은 정치의 중요 과제이기 때문에 어쩌면 당연한 귀결인지 모르겠지만 너무 단기간에 방향성이

---

9) 鳥海基樹, 『オーダーメードの街づくり—パリの保全的刷新型「界隈プラン」』(學芸出版會, 2004).

바뀐다는 점은 바람직하다고 볼 수 없다.10)

덧붙여 여기서 간단히 설명하고 싶은 것은 '바르셀로나 모델'이라는 수법이다. 이 수법은 1992년 바르셀로나 올림픽 개최에 앞서 바르셀로나 시내의 쇠퇴지구를 재생할 필요가 있었고 이를 위한 재정상의 어려움을 해결하고자 궁여지책으로 고안해낸 수법으로서 그 후 유럽 각국의 도시재생에 커다란 영향을 미쳤다. 이 수법은 간단히 말하자면 화려한 마스터플랜을 수립하는 대신에 실현가능한 곳부터 사업을 추진하고, 이러한 소규모의 재생사업이 연쇄반응을 일으키면서 그 효과가 주위로 파급되는 것을 기대하는 수법이다. 예를 들면 위험할 정도로 폐허가 된 빌딩을 매수하고 철거하여 그 부지에 소규모 광장을 설치하면, 이 광장에 접한 건물에 카페가 생겨나고 이 카페에서는 광장에 테이블을 내놓게 된다. 이렇게 되면 주변도 조금씩 영향을 받게 되어 재생되어 간다는 발상이고, 이러한 소광장을 시내 각지에 설치해 도시에 다공성(多孔性, porous)을 형성하는 것이 최종 목표이다. 이것은 건축가 보이가스(Oriol Bohigas)가 제창한 시스템으로 오카베 메이코(岡部明子) 치바 대학 조교수에 의하면 리처드 로저스(Richard Rogers)도 런던의 재생을 위해 이 수법을 참고로 했다고 한다.

이러한 콤팩트시티의 실태에 대해서는 개별 도시마다 후술하도록 하겠다.

---

10) 阿部大輔,「「ミクロの都市計畵」の思想」, ≪地域開發≫, 4月 号(2005), p.26.

제3장

미국의 도시 탐방

　미국 도시계획의 대부분은 민간주도로 추진되고 있고 경제적으로 타산이 맞는지가 중요한 포인트가 된다. 따라서 어디까지나 시장지향형인 경우가 많고 사회정책과 연계하고자 하는 움직임을 보이고 있는 유럽의 움직임과는 근본적으로 다르다. 그러나 한편으로는 리스크를 두려워하지 않는 기업가정신은 새로운 도시계획 수법을 개발하고 있고, 우리 연구실에서는 이미 트랜짓몰의 선구적인 사례로서 오리건 주 포틀랜드와 콜로라도 주 덴버에서 현장조사를 실시했고, 텍사스 주 샌안토니오에서는 도시 하천공간의 이용실태조사도 실시했지만 본장에서는 21세기 도시계획을 시사하는 사례로서 뉴어버니즘이라 불리는 운동의 성과를 견학하기 위해 플로리다 주와 캘리포니아 주에 있는 도시를 탐방하고자 한다.

- 시사이드
- 마이즈너파크
- 산타나로
- 셀레브레이션
- 더 크로싱
- 빌리지홈즈

• 래그너웨스트

3.1 뉴어버니즘의 탄생

시사이드

멕시코 만 앞쪽에 펼쳐지는 푸른 바다와 하얀 모래는 전혀 섞이지 않은 듯한 푸르고 하얀 색깔을 띠고 있었고 그곳에 도착했을 때는 별천지에 온 것 같은 느낌이 들었다. 이곳은 플로리다 주의 서부, 지도상에서는 마치 냄비의 손잡이처럼 플로리다 주 반도에서 서쪽으로 뻗어 나간 부분(문자 그대로 '팬핸들'이라 한다)에 조성된 완전히 새로운 개념의 커뮤니티인 '시사이드'다(그림 3-1~4).[1]

플로리다 주 남부 마이애미의 이웃 도시에서 개발 사업을 하고 있던 로버트 데이비스는 1978년에 이 토지를 할아버지로부터 상속받았다. 할아버지는 당시 인적이 드문 외지에 있던 이 토지에 별장을 지어, 가족들과 함께 이곳에서 여름을 지내곤 했다. 그 별장에는 큰 처마와 넓은 포치(porch)가 있고, 모든 방에는 커다란 창으로부터 바람이 통한다. 마루도 높아 마루 밑에도 바람이 통해 건물이 썩지 않는다. 데이비스는 이 토지에 이러한 건물이 늘어선 도시를 만들어보고 싶다는 꿈이 있었다. 그는 하버드 대학의 비즈니스스쿨을 나온 비즈니스맨이었지만 꿈을 실현하기 위해 도시에 관한 다양한 문헌을 읽었다. 결국 그는 룩셈부르크 출신의 건축가 레온 크리에(Leon Krier)가 전통적인 도시에 대해 쓴 책 속에서 "전통적인 도시는 반경 400m, 면적 32ha 정도의 스케일로 그 도시의 어느 곳이든 자동차를 이

---

[1] 시사이드 공식 사이트를 참조. http://www.seasidefl.com

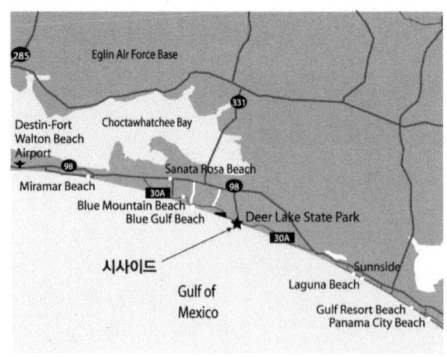

그림 3-1 **시사이드의 위치도**
시사이드 내부를 통과하는 도로 30A호선 연도에는 뉴어버니즘 프로젝트를 포함한 각종 리조트 개발이 끊이지 않고 있으며, 버블의 메카라는 양상을 띠고 있다.

용하지 않고 걸어서 갈 수 있다"는 구절에 감명을 받게 되었다. 그의 토지에 대한 스케일감이 바로 이 구절과 일치했기 때문이다.

이 토지를 상속받기 전부터 로버트와 데릴 부처는 남부 각지를 순방하면서 그 지방의 독특한 건축 스타일을 조사했다. 또한 이 기간 동안 마이애미에서 주목받고 있던 젊은 건축가 듀어니와 자이버크(Andres Duany & Elizabeth Plater-Zyberk) 부처를 만나게 된다. 그들은 동부의 소위 명문대학 출신의 건축가 그룹인 '아키텍토니카(Arquitectonica)'의 멤버였다. 데이비스는 그들에게 이 도시의 디자인을 맡기기로 했다. 물론 지방색을 표현해 달라는 희망사항을 전달했지만, 결국 완성된 디자인은 좀 색다른 포스트모던풍이었고, 데이비스는 자신이 요구한 대로 좀 더 소박하게 설계해 줄 것을 요구했다.

그 후 아키텍토니카에서 탈퇴한 듀어니와 그의 동료들은 독자적으로 남부지방을 조사하기 위해 여행을 떠났고, 개별 건물보다는 집합체로서의 '소규모 도시'에 주목하여 그 도시에서 느낄 수 있는 특징을 도시계획의 새로운 코드로 해야 한다고 보고했다. 이 보고서에는 도로에서 5m 떨어진 곳에 설치된 하얀색의 피켓펜스와 물결형의 금속판 지붕, 목재합판 혹은 '널판'으로 된 외벽, 망사문이 달린 현관, 깊은 처마, 세로로 긴 창문 그리고 셔터문 등의 디자인 요소가 포함되었다(그림 3-5).

그림 3-2 **시사이드의 배치도**
훨씬 고전적인 이미지이다
Peter Neal, ed al., *Urban Village and the Making of Communities* (Spon Press, 2003), p.88.

그림 3-3 **시사이드의 전경**
서쪽에도 뉴어버니즘 도시가 있다. 워터컬러가 이어진다
(Steven Brooke, p.26).[2]

그림 3-4 **시사이드의 바다**
주택 지구에서 해변으로 통하는 곳에는 샤워와 화장실이 있는 비치하우스가 있고 유명한 건축가가 설계했다.

---

2) Steven Brooke, *Seaside*(Pelican, 1995).

제3장 미국의 도시 탐방 **51**

이렇게 해서 도시계획 디자인 코드가 정해졌다. 1980년에는 크리에가 찾아와 중심부 건물의 설계를 해주는 대신에 도시계획의 힌트를 주었다. 같은 해 데이비스 부처는 현지에 이주하여 최초로 두 채의 건물을 지었다. 자신들의 저택과 판매사무소였다. 그리고 1982년부터 판매가 시작되어 이윽고 소문이 소문을 낳아, 도시계획은 순조롭게 진행되었다. 현재 도시건설은 최종단계에 와 있고 당시 1,000만 엔 미만이었던 별장은 지금은 1억 엔을 넘는 가격으로 거래될 정도로 상당한 부동산 매매차익(capital gain)을 낳고 있다.

공공부문의 지원이 전혀 없는 리조트타운이라는 소규모 도시였지만 우체국, 상점, 슈퍼마켓, 교회 등이 입지하는 새로운 도시를 조성했다는 점은 세계적으로도 주목을 받게 되었다(그림 3-6, 3-7, 3-8).

데이비스는 그 후 도시계획 전문가로서 '시사이드 인스티튜트'라는 NPO를 설립하여 도시에서 각종 이벤트의 기획과 신문 발행, 교육활동 등을 전개하고 있다. 한편 듀어니 부처는 캘리포니아의 피터 칼소프(Peter Calthorpe) 등과 함께 'Congress of New Urbanism(CNU)'이라는 조직을 구성하여 이 도시에서 전개된 도시계획의 새로운 개념을 미국 전역에 걸쳐 적용하고 있다.

이 도시에는 실제로 거주했을 때의 느낌을 체험할 수 있는 임대별장이 많고 별장 이용은 인터넷을 통해 신청할 수 있다. 또한 원한다면 냉장고에 식료품을 준비해주는 서비스도 받을 수 있다. 이것은 집주인이 사용하지 않을 때는 임대별장으로 활용하도록 해 집주인에게 부수입을 얻게 하는 비즈니스모델이다. 현지에 도착해 관리사무실에 가면 별장 열쇠와 비치하우스 열쇠를 넘겨받게 되는데 그 때부터 지역주민의 일원이 된다. 별장에는 집주인의 가구와 비품 등 모든 것이 설치되어 있고 지구 중심부에는 슈퍼마켓도 있어 자취도 가능하다(그림 3-9). 저녁에는 중앙광장이 야외극장으로 변해 매일 밤 재즈콘서트와 영화상영 등이 개최된다.

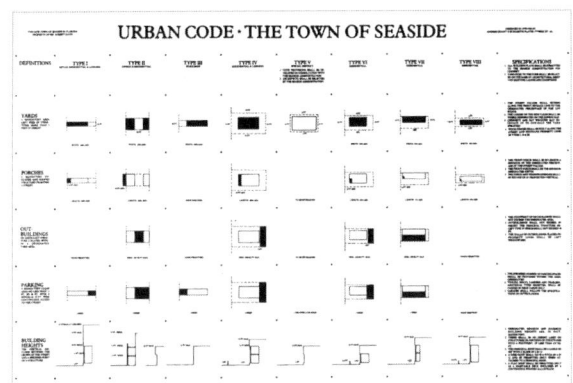

그림 3-5 시사이드의
디자인코드 일부
(Steven Brooke, Seaside, p.31.)

그림 3-6 시사이드의
중심부
서점, 화랑, 골동품가게, 아이스크림가게, 설계사무소, 부동산, 우체국, 초밥집, 토산품점, 레스토랑 등 상업 업무시설이 집적되어 하나의 도시를 형성하고 있다. 새집에는 그림을 걸어놓기 마련이기 때문에 화랑은 필수이고, 가구는 오래된 것을 많이 선호하기 때문에 골동품가게도 필수이다.

그림 3-7 교회당
이 외에도 풀, 테니스코트 등이 있다.

제3장 미국의 도시 탐방 **53**

그림 3-8 **스티븐 홀이 설계한 중심시설**
막다른 곳이 이곳의 유일한 슈퍼마켓. 가족이 경영하고 있고 창업자인 할아버지는 물론이고 초등학생인 손자도 일하고 있으며 굉장히 친절함. 유명인사다. 우리는 스테이크용 고기와 새우(Shrimp), 와인을 사 스테이크 디너를 즐겼다.

그림 3-9 **우리가 머물렀던 전형적인 주택**
옥상에는 반드시 망루를 설치할 것, 포치를 설치할 것, 하얀 피켓휀스를 설치할 것 등 디자인코드가 정해져 있기 때문에 전체적으로 남부 이미지가 강하게 연출되고 있다.

그림 3-10 **부지 내의 도로**
보차분리는 아니지만 교차점에는 '정자'가 설치되어 속도를 낼 수 없다.

지구 내부를 걸어서 둘러보았더니 집들은 파스텔컬러의 다양한 스타일로 디자인코드를 따라 지어져 있어 전체적인 느낌이 좋았다. 도로는 보차공용이지만 속도를 내지 못하도록 고안되어 안심하고 걸을 수 있었다. 도로 교차점에는 특이하게 디자인된 '정자(gazebo)'가 있어, 길을 잃을 염려가 없었다(그림 3-10). 또한 주택 뒤편에는 잡초(생태학적인 관점에서 잔디는 금지되어 있다)가 무성한 좁은 길이 있고, 테니스코트와 풀이 있는 클럽도 이용할 수 있어, 천국과도 같은 거주 기분을 만끽할 수 있었다. 바다는 앞서 말한 바와 같이 별천지 세계이고, 기적처럼 투명하고 맑은 물은 잔잔하게 앞바다까지 펼쳐져 있으며, 기분이 몽롱해지는 듯한 느낌을 받았다. 숙박료는 3개 침실 타입의 경우 1박에 5만 엔 정도로 합리적이었다. 이 비용에는 비품 보험료, 도시에서 개최되는 각종 이벤트 참가비, 관리비 등이 모두 포함되어 있다.

시사이드 도시계획의 특징을 열거한다면 다음과 같다.
- 다양한 용도의 시설이 공존하고 있다
- 주요시설에는 도보로 접근할 수 있도록 적당하게 스케일감을 주고 있다
- 지역성을 고려하여 변화가 풍부하고 다양한 표정을 만들고 있다
- 환경적인 요소를 감안하고 있다

이러한 특징을 가진 도시계획은 이미 1970년대부터 미국 각지에서 전개되고 있었고 전통적인 도시계획을 부활시키고자 하는 움직임 중 'traditional neighborhood development(TND)'와 'neo-traditional'이라는 수법은 이미 민간 개발업자의 주택지개발에 응용되고 있다.3) 그러나 시사이드에서 시작된 뉴어버니즘은 이보다 규모가 큰 도시에도 적용될 가능성이 높아 클린턴 정

---

3) TND에 대해서는 戶谷英世·成瀨大治, 『アメリカの住宅地開發』(學芸出版社, 1999).을 참조.

그림 3-11 워터컬러
시사이드의 몇 배나 되는 규모로 계획되었으며, 컨벤션이 가능한 호텔 등이 있다. 지가 폭등으로 단층은 거의 없는 고밀도 개발이 추진되고 있다.

그림 3-12 로즈마리 비치
시사이드와 동일한 설계자가 설계했지만 개념은 유럽의 리조트타운으로서 완전히 다른 인상을 준다. 이곳도 밀도가 높아 시사이드와 같은 여유로움은 느낄 수 없다.

그림 3-13 다운타운 캐리온
뉴올리언스의 다운타운을 생각나게 하는 상업시설은 개방적이지만, 주거지역에는 게이트가 설치되어 폐쇄적이라서 뉴어버니즘 도시라는 느낌은 들지 않았다. 플로리다 주에는 30여 개소의 뉴어버니즘 리조트가 있지만 보석과 돌을 구분할 수 없을 정도로 다양하다.

권의 도시정책에도 많은 영향을 주고 있다고 한다.

시사이드의 성공은 순식간에 다른 개발업자에게도 널리 알려져 시사이드와 인접한 지역에는 워터컬러(그림 3-11)라는 보다 대규모의 개발계획이 추진되었고 조금 떨어진 지역에는 로즈마리 비치(그림 3-12)와 다운타운 캐리온(그림 3-13) 등과 같이 시사이드와 유사한 도시가 건설되었다. 현재 미국 전역에는 약 200개소의 뉴어버니즘 프로젝트가 추진되고 있다고 한다.

시사이드로 가는 길은 꽤 멀다. 유명한 테마파크인 '디즈니월드'가 있는 올랜도에서 비행기로 펜서콜라라는 도시까지 가서, 그곳에서 렌터카로 1시간 정도 가면 시사이드가 있다. 길은 멀지만 얻는 것은 많다. 이곳에는 일본인이 운영하고 있는 포장마차 초밥집도 있다.

3.2 쇼핑센터에도 사람이 거주한다

마이즈너 파크와 산타나로

뉴어버니즘은 결국 교외주택지와 리조트타운의 부동산 가치를 증식시키기 위한 하나의 수단에 지나지 않는다는 비판이 있는 것도 사실이다. 이러한 상황에서 새로운 도전으로 주목받고 있는 것은 몇 년 전에 G8회의가 열렸던 플로리다 반도 동부에 있는 보카라튼 시의 중심시가지활성화계획이다(그림 3-14).

이 도시는 원래 스페인 해적이 정착했던 취락지였지만 20세기에 들어서면서 일본 이민자를 위한 농원이 조성되었고 1925년에 도시다운 도시가 형성되었다. 당시 플로리다에는 토지 붐이 있었고 이곳에서도 당시 유명했던 건축가 애디슨 마이즈너(Addison Meisner)에게 설계를 의뢰해 지중해 스타일

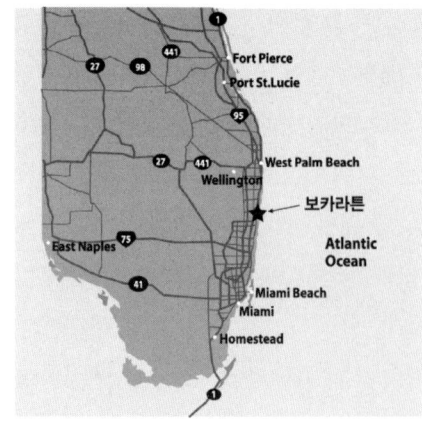

그림 3-14 **보카라톤 시의 위치도**
플로리다 반도 남동부 마이애미의 북쪽에 해당한다.

의 거대한 호텔이 세워졌고 미국 전역에서 사람들이 몰려들기 시작했다. 이와 연계해 리조트 개발이 이루어졌고 이 사업에 여러 분야의 유명인사들도 투자했다. 이 당시 세워진 건물은 지금도 도시의 중심부에 많이 남아 있고, 이들 건물은 이국풍의 독특한 분위기를 자아내고 있다. 약 7만 5,000명의 주민 중 90%는 백인이고 이들은 소득도 많다. 또한 도시 내부에는 기존 경관을 훼손하는 일체의 간판과 건물을 설치하지 못하도록 하는 조례가 제정되어 맥도널드조차도 그 유명한 간판을 세우지 못한다.

그러나 이 도시에는 흔히 말하는 다운타운에 해당하는 중심지가 없다. 사람이 모일 수 있는 장소가 필요하다고 고민하고 있던 시당국은 주민 반대에 부딪혀 실패한 쇼핑센터 설치 계획의 대상지에 차라리 다운타운 그 자체를 조성하고자 1989년에 민관 협력으로 전례가 없는 계획을 수립했다. 그 디자인은 마이즈너의 지중해풍 스타일을 답습하고 있고, 프로젝트 명칭도 '마이즈너 파크'[4]로 정했다(그림 3-15, 3-16).

이 계획은 한마디로 말하자면 유럽 도시의 대로를 잘라내서 플로리다에 이식하자는 것으로 중앙분리대를 따라 녹지를 설치해(그림 3-17), 그 양

---

4) 마이즈너 파크에 대해서는 홈페이지를 참조. http://www.miznrpark.org

쪽에 일방통행의 차도와 광폭의 보도를 설치했으며, 이와 평행하게 아케이드가 달린 쇼핑가를 배치한다는 구상이다. 상가의 상부는 호텔과 아파트가 들어서고 일부는 오피스도 입주한다. 요컨대 마치 리비에라의 해안대로 분위기와 유사해 완성되자마자 전국에서 관광객이 몰려들기 시작했고 당초 성공하기는 어려울 것이라는 예상과는 달리 현재는 자산가치도 2배 이상으로 증가했다.

양쪽 끝에는 시립미술관과 만화미술관이 있고 후자는 현재 뉴욕 엠파이어스테이트 빌딩으로 이전하는 계획이 수립되어 있다. 이 사업은 최근 전국적으로 독특하게 쇼핑센터를 전개하고 있는 라우스 컴퍼니가 추진할 예정이다.

유럽의 다운타운은 도로와 접해 점포가 입지하고 상부에는 아파트와 오피스가 입주하는 건물로 구성되지만, 이곳에서도 이러한 전통적인 구성이 도입되었다. 중앙의 녹지 곳곳에는 키오스크가 있어 아기자기한 분위기를 연출하고 있다. 2만 m^2를 넘는 상업공간, 1만 m^2에 조금 못 미치는 오피스공간 외에도 272가구의 주택이 그 주변에 입지하고 있다. 이 계획은 보카라튼 시의 세입을 늘렸을 뿐만 아니라 인근지역에서도 개발이 추진되어 최근에는 오피스빌딩이 2동 완성되었고 900가구의 공동주택 개발계획도 수립되는 등의 파급효과를 발생시키고 있다(그림 3-18).

한꺼번에 다운타운을 조성한다는 이 전대미문의 계획에 영향을 받아 2002년에 실리콘밸리의 산호세시 교외에 완성된 것이 '산타나로'[5]라는 도시이다. 우리가 방문했을 때는 완성 직후로 마이즈너 파크와 유사한 구성을 하고 있었으며 규모가 상당히 크고 아파트 가격은 1억 엔을 호가하고 있었으며 판매사무소도 굉장한 비용을 들여 설치하고 있었다. 노상에서는 SUV(sports utility vehicle)로 인기가 있는 '해머(hammer)'의 시승식이 개최

---

5) 산타나로에 대해서는 홈페이지를 참조. http://www.santanarow.com

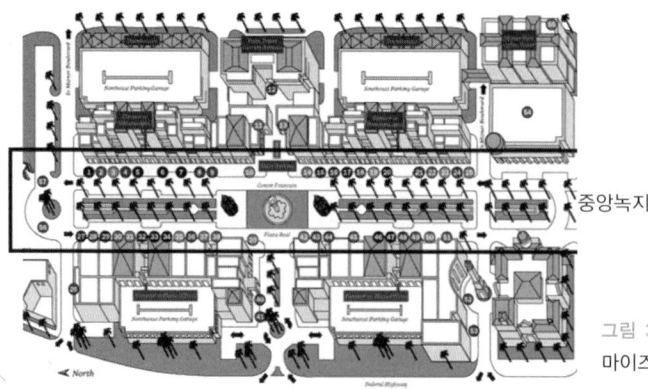

중앙녹지

그림 3-15
마이즈너 파크의 배치도

그림 3-16
마이즈너 파크의 아케이드

그림 3-17 마이즈너 파크의 중앙녹지

그림 3-18
마이즈너 파크의 외관

그림 3-19 산타나로의 위치도

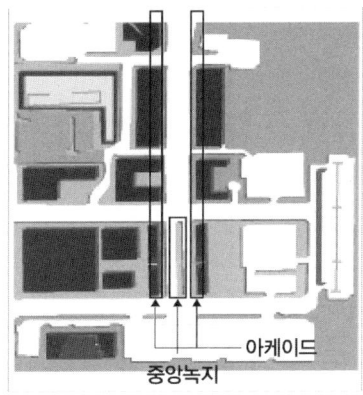
그림 3-20 산타나로의 배치도

그림 3-21 산타나로의 아케이드

그림 3-22 산타나로의 중앙녹지

제3장 미국의 도시 탐방 **61**

되고 있었다. 약 14ha의 부지에 26동의 건물이 들어서 1,200가구의 주택과 상점, 오피스, 호텔, 영화관 등이 대로 양쪽에 입지하고 있다. 그러나 이곳의 개발은 소위 그린필드 개발이기 때문에 도시계획이라는 관점에서는 마이즈너 파크와 같은 의의는 없는 것으로 생각되었다(그림 3-19~3-22).

여하튼 이들 프로젝트의 특징은 지금까지의 상업개발과는 달리 주거개발이 포함되어 있고 사람이 24시간 거주한다는 본래의 도시요소를 내포하고 있다는 점이다. 다양한 측면에서 향후의 도시계획에 시사하는 바가 크다고 생각된다.

보카라튼 시로의 여정도 멀다. 올랜도 공항에서 렌터카로 3시간 정도 소요된다. 오히려 마이애미로부터가 가깝지만 마이애미에 볼일이 있는 사람은 그다지 많지 않을 것이다.

3.3 디즈니의 꿈의 도시

셀레브레이션

월트 디즈니(Walt Disney)가 1960년대 중반 플로리다 주 올랜도 근방에 약 1만 ha의 들판을 테마파크 용지로 취득했을 당시 그는 그곳에 EPCOT (Experimental Prototype Community of Tomorrow)라는 미래지향적인 뉴타운을 건설하고자 했다. 그러나 1966년에 디즈니가 사망하자 EPCOT는 현실의 도시가 아닌 가상 세계로서의 테마파크가 되어버렸다.

하지만 1980년대 중반 마이클 아이즈너(Michael Eisner) 사장은 테마파크와 그 관련시설을 조성하고도 약 4,000ha의 토지가 남는다는 것에 착안해 이곳에 5,000가구 내지 6,000가구의 주택과 약 18.5만 m^2의 상업시설을 갖춘 뉴타운을 조성한다는 구상을 세웠다. 이 당시 그에게 도움을 주었던

그림 3-23 셀레브레이션의 위치도

사람은 저자의 하버드 대학 시절 동급생이었던 원 차오이고 그는 저자와 함께 당시 객원교수로서 하버드에 와 있던 단게 겐조(丹下健三) 선생의 스튜디오에서 지역개발 과제를 마무리했고 그것을 가지고 플로리다의 디즈니 사에 입사했다. 그 후 그는 부사장이 되어 세계적인 건설계획의 책임자로서 활약하고 있다.

디즈니 사는 이 계획을 위해 'celebration company'를 설립했고 1991년에 기본구상을 발표한 후 계획수립 작업을 시작했다. 마스터플랜은 건축가 로버트 스턴(Robert A. M. Stern)과 쿠퍼(Cooper), 로버트슨 앤 파트너(Robertson & Partners) 등이 공동 담당했고, 'Urban Design Associate'는 건설계획의 가이드라인을 제시하는 『Pattern Book』의 작성을 담당했다(그림 3-23~3-25).

1994년에는 건설공사가 시작되었고 다음해에는 도시의 개막을 알리는 행사가 열렸으며 이 때 원 챠오 등이 택한 전략은 통상의 개발 프로세스와는 정반대로 아직 주민이 거주하지 않는 도시이기 때문에 먼저 타운 센터를 완벽하게 조성한다는 것이었다. 현장은 악어가 우글거리고 있을 것 같은 들판이었다. 그곳에 도시를 조성하니까 토지를 매수해달라고 광고를 내도 아무도 믿으려 하지 않았을 것이다. 그래서 그들은 누구나 공유할 수 있는 도시 이미지를 물리적으로 실현하는 것을 모색했다. 즉, 도시에는 우

그림 3-24 셀레브레이션의 배치도
(Celebration Pattern Book Second Edition, Celebration Company, 1997)

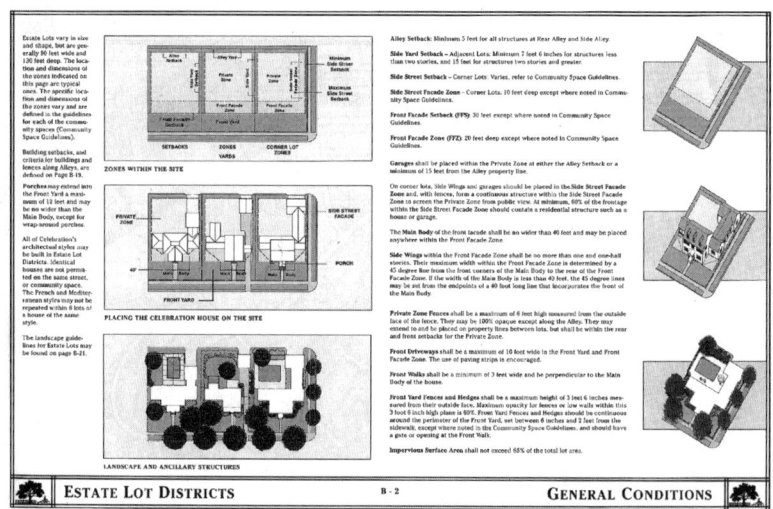

그림 3-25 셀레브레이션의 『Pattern Book』
주택 디자인은 지구별로 콜로니얼, 프렌치 등과 같은 기본적으로는 전통적인 양식이지만 통일되어 있다(같은 책).

그림 3-26 찰스 무어가 설계한 은행의 망루에서 본 셀레브레이션의 전경
멀리 '디즈니월드'의 스완 호텔이 보인다.

그림 3-27 셀레브레이션의 다운타운
마이클 그레이브스가 설계한 우체국, 필립 존슨이 설계한 공공청사(실제는 관리조합사무소) 등이 보인다.

그림 3-28 시저 페리가 설계한 영화관

그림 3-29 인공호수에 접한 광장
건너편에 호텔이 보인다. 레스토랑은 5개가 있다.

그림 3-30 다운타운의 상점가
2층 이상은 임대주택. 전국 체인점은 입주할 수 없고 그 지역의 점포가 입주하고 있다. 소규모 슈퍼마켓도 입주하고 있다.

그림 3-31 인공호수로 유입되는 운하
수면을 잘 활용하고 있다.

그림 3-32 도시의 공용차는 전기자동차

그림 3-33 자연보호지구에서는 습지대를 보호하기 위해 다리로 보도를 만들었다.

그림 3-34 대학도 유치하였다. 고등학교는 2개소 있다.

그림 3-35 거주자를 위한 메모리얼파크
묘지는 주법에서 신설이 금지되고 있기 때문에 이러한 형태를 하고 있다.

그림 3-36 피트니스 센터가 설치된 병원
로버트 스턴의 설계. 병원을 건강을 위한 시설로서 긍정적으로 다루고 있다.

그림 3-37
앨드 로시가 설계한 오피스 파크
디즈니 관련회사 등이 입주하고 있다. 인접 지역에는 거대한 상업 시설을 건설하고 있었다.

그림 3-38
전형적인 단독주택

그림 3-39
타운하우스

제3장 미국의 도시 탐방 **67**

체국이 있고, 공공청사가 있고, 은행이 있고, 영화관이 있고, 교회가 있고, 레스토랑이 있다. 이것들을 유명한 건축가들이 만들게 해 도시의 쇼룸으로 한다면 세계적인 화제 거리가 되어 일석이조의 효과를 거둘 수 있다고 생각해, 스타로서는 건축가 필립 존슨, 로버트 벤추리, 앨드 로시, 찰스 무어, 시저 페리, 마이클 그레이브스 등이 초청되었다(그림 3-26~31). 이런 방식은 그들이 영화를 제작할 때의 전략과 전혀 다르지 않다. 실제로 주민이 입주한 것은 1996년이었다. 이후 이 계획은 순조롭게 추진되어 주거 지구는 거의 완성되었고, 현재 인구는 약 7,000명이다. 향후 상업지구 개발이 남아 있을 뿐이다. 부지 전체의 절반가량은 자연보호를 위해 보전되고 있다. 환경보호라는 측면에서 도시내부의 서비스용 차량은 모두 전기자동차를 사용하고 있다(그림 3-32, 3-33).

이 도시의 디자인 가이드라인은 미국 남동부의 전통적인 도시 스타일을 답습하도록 강력하게 요구하고 있기 때문에 지극히 보수적인 외관을 보이고 있다. 도시 어느 곳에서도 도보로 10분 이내에 타운 센터에 갈수 있고 대학을 비롯한 각종 학교도 입지해 있으며 피트니스 센터(fitness center)를 갖춘 대규모 병원, 오피스 파크, 메모리얼 파크 등이 들어서 있다. 이 도시는 뉴어버니즘 원칙을 대부분 준수하는, 일찍이 디즈니가 꿈꿨던 리얼한 미래의 도시다(그림 3-34~3-36).

현지에서 안내해 준 페리 리더 사장에 따르면 Celebration Company의 현재 사업은 이 꿈의 도시를 어떻게 리얼하게 가꾸어 가느냐라는 프로세스에 관련된 것이고 건설업자와 입주예정자의 교육, 주민 커뮤니티활동의 지원, 관리조직의 주민에게로 위양, 타운 내 인트라넷의 구축 등 소위 '도시 가꾸기'를 위한 소프트웨어를 제공하는 업무로 전환하고 있다고 한다. 놀라울 정도로 단기간에 조성된 도시를 어떻게 리얼하게 가꿀 것인가. 굉장히 비싸서 중·상층 계층밖에 살 수 없기 때문에 이상할 정도로 청결한 도시이긴 하지만 앞으로의 추이가 흥미롭다(그림 3-37~3-39).[6)]

3.4 쇼핑센터 이전적지의 TOD

더 크로싱

샌프란시스코에서 남쪽으로 자동차로 1시간 정도 가면 잘 알려진 실리콘밸리가 있다. 중심부는 산호세 시이지만 그 주위에는 다양한 도시가 입지해 있고 버블의 정점은 지났지만 부유한 사람들의 집들이 즐비하다. 그 중에서도 최근 주목받고 있는 곳은 산호세의 다운타운에서 오피스파크와 공군기지 등을 경유해 샌프란시스코행 철도인 '칼트레인'에 접속하는 LRT 노선의 터미널이 있는 마운틴뷰(mountain view) 시이다. 이곳의 역 앞에는 카스트로 애비뉴라는 상점가가 있고 시청도 입지해 있어 일종의 중심시가지 성격을 띠고 있었다. 하지만 도시가 쇠퇴하면서 지금부터 10년 전부터 메인스트리트를 대대적으로 개조해, 보도를 넓히고 노상주차 공간을 설치하고 연도 건물의 1층은 점포로 변경하는 한편 상층부에는 오피스와 아파트용도를 배치하는 혼합용도를 추진한 결과, 지금은 이 주변에서 가장 세련된 레스토랑이 입지하는 멋진 도시로 변모했다(그림 3-40). 이곳은 도로 디자인의 변경이라는 대수롭지 않은 시도가 도시를 회생시킨 사례로 유명하다. 우리가 방문했을 때는 이면도로의 주차장에서 일요 시장(bazaar)이 성대하게 열리고 있었고 근교 농가에서 재배한 농산물이 활발하게 거래되고 있었다(그림 3-41). 타이요리 레스토랑의 점심도 대단히 만족스러웠다.

이 도시에 있던 도산한 쇼핑센터의 이전적지에 뉴어버니즘의 서해안 대표주자인 피터 칼소프가 계획한 것이 '더 크로싱(the crossings)'이다. 칼소프는 동해안을 영역으로 하는 듀어니 부처와 거의 모든 점에서 도시계획

---

6) Jo Allen Gause, *Great Planned Communities*, The Urban Land Institute, 2002

그림 3-40 **카스트로 애비뉴**
마운틴뷰 역에서 이어지는 메인스트리트다. 노상주차가 가능하도록 보도를 설치하고, 오픈카페로도 이용할 수 있도록 했다. 도로변에는 점포를 유치하고 상층부에는 오피스와 아파트를 배치해 도시에 활기를 불어넣고 있다. 이면에는 대규모 입체주차장도 설치되어 도시 내부로 사람들을 끌어들이고 있다.

그림 3-41
마운틴뷰 역의 파크앤라이드용 주차장
휴일에는 운영하지 않고 대신에 주말시장이 열린다. 야채, 과일, 버섯 등 근교에서 재배된 농산물이 거래되는 풍경이 흥미롭다. 이곳은 원래 농지였다.

의 방법론을 공유하고 있지만 그는 커뮤니티를 도보권 내로 아담한 규모로 해 이들을 철도 등의 네트워크로 연결하는 시스템을 주장하고 있다는 점에서 특색이 있다. 이것을 'transit-oriented development(TOD)'라 부르고 있다. 즉, 대중교통 이용을 촉진해 환경부하를 저감하고자 하는 것이다. 그러한 의미에서 이 부지는 안성맞춤이었다. 즉, 부지 경계부분에 마운틴뷰 역에서 샌프란시스코 방면으로 가는 철도 노선이 있기 때문이다. 디벨로퍼는 샌안토니오라는 새로운 역을 설치하는 것을 조건으로 이 7.3ha의 토지에 360가구의 주택을 건설한다는 내용의 개발허가를 시당국으로부터 받았다(그림 3-42~3-44).[7]

---

7) Peter Calthorpe and William Fulton, *The Regional City*(Island, 2001).

그림 3-42 **마운틴뷰 시의 지도**
카스트로 애비뉴와 더 크로싱 단지는 같은 시내에 있다.

그림 3-43
더 크로싱 단지의 배치도
(Peter Calthorpe and William Fulton, 주7의 문헌, p.231.)

그림 3-44 **샌안토니오 역**
더 크로싱 단지를 위해 신설되었지만 휴일은 운행하지 않는다. 인접한 곳에 파크앤라이드용 입체주차장이 있다.

개발면적 7.3ha로 총 359가구이기 때문에 ha당 가구 수는 약 50호로 단독주택지구로서는 고밀도이지만 이곳에는 단독주택 외에도 타운하우스와 중층 콘도미니엄도 있어 일본인의 감각으로 판단하자면 굉장히 넉넉한 교외단지다.

인접한 지역에는 대단히 고급스러운, 컨트리클럽을 떠올리게 하는 '게이티드 커뮤니티(gated community)'[8](그림 3-50)도 있고 슈퍼마켓과 오피스파크도 입지해 있다(그림 3-45). 이 커뮤니티는 집집마다 담장이 없어 개방적이고, 특히 역 주변의 타운하우스는 도시적인 분위기를 형성하고 있어 마치 유럽풍의 인상을 준다(그림 3-46, 3-47). 주차장은 건물 뒤쪽에 감춰져 있고 입체주차장이 역 가까운 곳에 설치되어 '파크앤라이드(park and ride)'도 가능하다.

우리가 방문했을 때는 마침 단지 내 주택의 오픈하우스 행사가 열리고 있었고 판매원에게 이것저것 물어볼 수 있었다. 구매층은 어린이가 있는 젊은 층이 많은데 그 이유는 교육으로 정평이 나 있는 인접 도시인 팔로알토에 진학시킬 수 있기 때문이라고 한다. 이곳에서도 현재 주택 가격은 당초 판매가격의 약 2배 이상으로 올랐다고 한다. 이같이 투자수익을 낳고 있다는 실적이 뉴어버니즘을 높게 평가하는 요인으로 작용한다고 생각되

---

[8] 거주자의 안전을 위해 주위에 담을 쌓고, 입구에 게이트가 설치된 주택지. 미국 전역에 2만 개소 이상 있고, 800만 명이 넘는 인구가 살고 있다고 한다. 그러나 이러한 물리적인 안전대책만으로는 주민의 안전을 완벽하게 지킬 수 없기 때문에 뉴어버니즘에서는 이러한 방법은 도입하지 않고 있다. 미국에서는 주민 스스로가 자산 가치를 보전하기 위해 일종의 자치조직을 만들어 주거지를 보호하는 경향이 있고, 이것을 CID(common interest development)라고 한다. 'common'이라 불리는 공유공간을 포함하는 개발을 의미한다. 이것을 유지·운영하는 것은 'HOA(Home Owner's Association)'라는 관리조직이고 이러한 주거지는 전국에 23만 개 있으며, 마치 지자체처럼 비용을 징수해 주거지역을 운영한다는 궁극적인 상태를 '프라이베토피아(privatopia)'라 부FMS다. 크레이크리, 竹井隆人譯, 『ゲーテッドコミュニティー』(集文社, 2004), 맥켄지, 竹井隆人ほか譯, 『プライベートピア』(世界思想社, 2003).

그림 3-45 **더 크로싱 단지에 인접한 오피스파크**
소규모 오피스들이 모여 있다. 중층의 공동주택이 복합용도로 개발되었다.

그림 3-46 **타운하우스**
얼핏 보면 맞벽으로 보이지만, 인접 주택과 벽을 공유하지는 않는다. 모든 주택은 토지와 함께 분양된다.

그림 3-47 **단독주택**
뉴어버니즘의 디자인코드가 적용되며, 전통적 이미지가 유지되고 있다. 전형적인 'traditional neighborhood development (TND)'이다.

제3장 미국의 도시 탐방 **73**

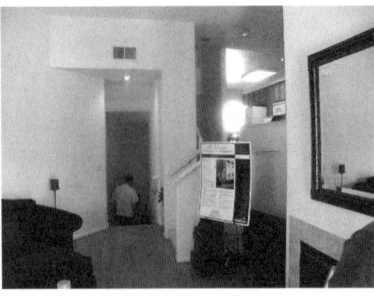
그림 3-48 판매용 오픈하우스

그림 3-49 보육원
도시의 입구와 역 가까운 곳에 있다.

그림 3-50
인접하는 게이티드커뮤니티
컨트리클럽과 유사하지만 외부에 대해 봉쇄되어 있다.

었다(그림 3-48).

  이곳은 인접한 곳에 오피스와 슈퍼마켓이 있기 때문에 상업용 공간은 거의 확보하고 있지 않지만 수영장이 딸린 보육원이 있어 아이를 키우는 데 편리할 것 같았다(그림 3-49). 주변에 있는 넓은 정원이 딸린 단독주택지구와 비교하면 공유로 이용되는 면적이 많기 때문에 1가구당 면적이 낮아서 미국인의 전통적인 기호에는 맞지 않는다고 우려되었지만 순조롭게 판매되고 있었다. 마치 뉴어버니즘은 전원지향의 미국에 도시지향의 유럽 도시계획의 원리를 이식하는 것으로 생각되었다. 그리고 이러한 흐름을 지지하는 계층이 확실히 존재한다는 점을 확인할 수 있었다.

3.5 최초의 에코 빌리지

빌리지홈즈와 래그너웨스트

샌프란시스코에서 오클랜드 브리지를 건너서 동쪽으로 직진해 캘리포니아 주의 수도인 새크라멘토 방면으로 향하면 주변에는 광대한 농지가 펼쳐진다. 1시간가량 더 달리면 데이비스에 도착한다. 캘리포니아 대학 데이비스분교가 있는 곳이다. 바로 이곳에 건축가 콜벳 부처가 기본구상을 설계해 개발한 미국 최초의 지속가능한 커뮤니티(sustainable community)인 '빌리지홈즈'가 있다. 콜벳 부인은 1990년에 뉴어버니즘의 깃발을 올린 아와니 호텔에서 개최된 제1회대회에도 참가했었다(그림 3-51, 3-52).[9]

이 커뮤니티는 1981년에 건설되어 벌써 20년 이상 경과하고 있다. 완전히 성숙한 경관을 형성하고 있기 때문에 단순히 숲으로 밖에는 보이지 않아 내비게이션이 있는 자동차도 어지간해서는 찾아가기 힘들다. 힘들게 도착했지만 마치 공원과도 같은 풍경에 바로 이곳이 주거지라고는 믿기 어려울 정도였다.

이곳은 원래 평탄한 토마토 밭이었다. 이곳에 언덕과 골짜기를 만들어 녹음으로 우거진 이상도시를 건설한 것이다. 개발면적은 약 24ha이고 세대수는 240가구의 저밀도계획이었다. 도시에는 공동농원과 레스토랑, 오피스, 보육원 등이 있고 자족적인 커뮤니티를 형성하고 있다(그림 3-54, 3-55). 콜벳이 그린 구상은 가능한 한 자동차를 이용하지 않는 커뮤니티였다. 빌리지 내에는 종횡으로 자전거도로와 녹도를 배치해 데이비스시의 중심부까지 자전거로 갈 수 있도록 했다. 또한 자동차 동선은 다른 동선과

---

9) Judy Corbett and Michael Corbett, *Designing Sustainable Communities-Learning from Village Homes*(Island Press, 2000).

그림 3-51 빌리지홈즈 위치도

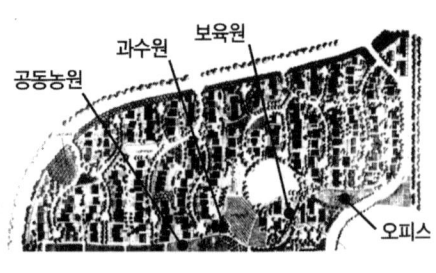
그림 3-52 빌리지홈즈 배치도
Judy Corbett et al., 주 9의 문헌, p.23

가능한 한 교차하지 않도록 '래드번 시스템'을 채택하고 있고 녹도만을 따라서도 센터시설과 농원에 갈 수 있도록 설계했다. 래드번 시스템은 현재 범죄환경학적인 관점에서 비판을 받고 있지만 이곳과 같이 저밀도 개발에서는 그러한 비판이 적절하지 않다고 생각한다.

또한 이곳은 유기적인 커뮤니티 형성을 지향하고 이를 위해 주민은 다양한 활동을 공동으로 하고 있다. 이러한 움직임은 미국 최대의 사회문제 중 하나인 범죄예방에 지대하게 공헌할 것으로 기대된다. 게이티드 커뮤니티처럼 안전을 확보하기 위해 담으로 둘러싸는 방식을 채택해 개발하는 경우가 많은 캘리포니아 주에서 소프트한 측면을 강화한 점은 매우 인상적이었다. 그 구체적인 내용 중 하나는 주택을 8가구 단위로 비교적 고밀도로 배치하여 일체감을 준다는 점이다(그림 3-56). 또한 커뮤니티는 식료품을 공동으로 생산하고 있다. 도시의 수목 대부분은 낙엽수이지만 그 중 절반은 과수이고 그 과실은 주민 모두가 먹을 수 있다. 또한 공동 과수원도 있고 재배한 포도로 양조한 포도주는 외부에 판매되어 공동관리비로도 쓰이고 있다(그림 3-57). 아몬드 수확 등 높은 곳에서 작업할 필요가 있을 경우에는 정원사를 고용해 해결하고 있다.

도시 외곽에는 임대할 수 있는 농원이 있고, 주민은 그곳에서 닭을 키우

그림 3-53
빌리지홈즈 입구 부근
안내판이 없어 주민에게 물을 수밖에 없다.

그림 3-54 **중심시설**
레스토랑, 집회장, 주간 보호시설, 임대 오피스가 모여 있다.

그림 3-55 **중앙공원**
스포츠와 각종 이벤트에도 사용된다.

제3장 미국의 도시 탐방 **77**

그림 3-56 **주택지**
인접한 대지 사이로는 좁은 통로가 설치되어 녹도에서 차도로 빠져나갈 수 있도록 되어있다. 가로수는 거의 대부분이 과수로서 누구나 열매를 따 먹을 수 있다.

그림 3-57 **포도밭**
자동관수장치가 설치되었다.

그림 3-58 **임대농원**
닭을 사육하고 있는 사람도 있고, 신선한 야채와 달걀을 즐기고 있다

그림 3-59 빗물의 역외유출을 방지하기 위해 도로 도랑을 비롯한 배수로 전부 모래가 깔려 있다. 주의 기준과는 달랐다.

그림 3-60 주택 태양열 온수기 등의 passive solar 장치를 설치하고 있다.

거나 채소를 재배한다(그림 3-58). 열섬(heat island) 현상을 방지하기 위해 도로에 짙은 그림자를 드리우는 감나무, 무화과, 레몬 등의 가로수를 다양하게 심었다. 물론 그 열매는 주민의 것이다.

이곳의 주택은 모두 태양온수장치 등을 설치해 환경공생을 위한 배려를 아끼지 않고 있고, 이 외에도 우수·배수의 역내 침투를 유도하는 등 환경의식 수준이 높은 거주생활을 영위하고 있다(그림 3-59, 3-60). 이 부지는 캘리포니아 대학에 인접하고 있어 대학관계자와 새크라멘토의 주정부 관계자 등이 많이 살고 있다고 한다. 그러나 최근 20년간 이 도시의 주택 가치는 급등하여 그중에는 임대해 운영하는 사람도 있었고 임대료는 3개 침실의 경우 약 20만 엔 정도였다. 또한 공유지에 있는 레스토랑은 폐쇄되었고 콜벳 씨도 사업에서 손을 뗐다는 소문을 들었다. 도시는 탄생될 때의 성장기를 지나면 성숙기를 맞이하게 되고 이윽고 몰락하느냐 재생하느냐라는 경로를 거치게 되듯이 이 도시는 그러한 기로에 서 있는 것처럼 보였다.

한편 데이비스에서 새크라멘토로 가서 그곳에서 남쪽으로 조금 내려간 곳에 뉴어버니즘으로 대규모로 개발된 유명한 '래그너웨스트'가 있다(그림 3-61, 3-62). 이곳은 1990년에 주정부에서 일한 적이 있던 디벨로퍼 휠 안젤라이더스가 뉴어버니즘의 건축가 칼소프의 지속가능한 도시계획을 주

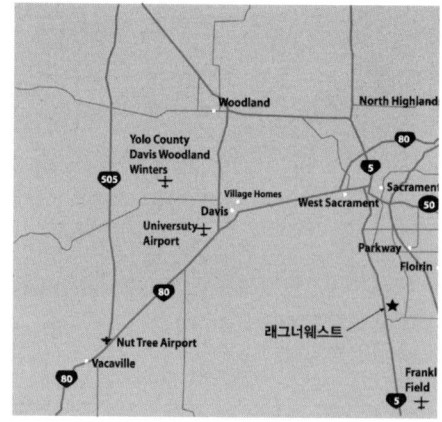

그림 3-61 래그너웨스터의 위치도

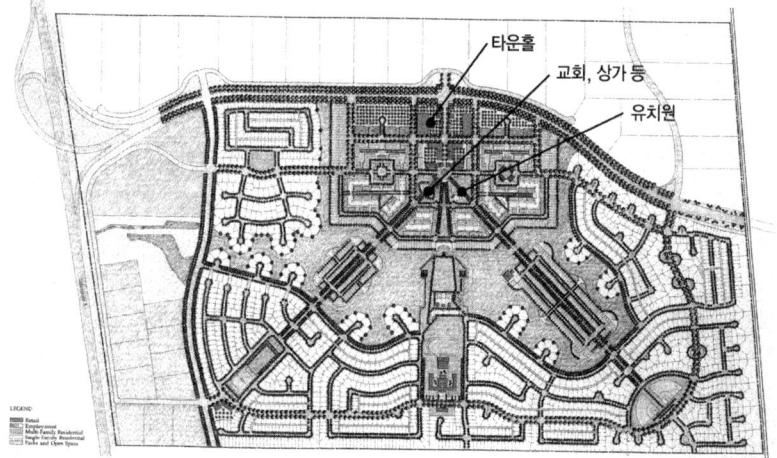

그림 3-62 래그너웨스트의 배치도
[Peter Katz, *The New Urbanism toward an Architecture of Community*(McGraw-Hill, 1994)]

제로 개최된 강의에서 감명을 받아 그에게 설계를 의뢰해 개발된 도시다. 면적 320ha 계획인구 1만 2,000명이었고 1989년부터 개발이 추진되었다. 도중 계획대상지에 애플컴퓨터가 진출하는 등 징조가 좋은 스타트를 끊었지만, 1990년대 초반 부동산 불황에 직면하고 말았다. 이런 개발방식은 주로 토지 매각을 통해 자금을 회수하지만 이를 위해서는 도로 등 기반시설 설치에 막대한 초기투자가 필요하며, 이러한 비용의 회수가 부진해 좌

그림 3-63 **노인복지시설**
도시의 중심지구로서 원래 타운하우스가 입지할 예정이었지만, 수요가 많은 시설이 입지했다.

그림 3-64 **타운홀**
보육시설이 있다.

절되는 경우가 많다. 이곳도 또한 예외가 아니었다. 건설은 일시 중단되어 계획초기에 관여했던 관계자는 모두 퇴진했지만, 지금은 지가도 올라 순조롭게 건설이 추진되고 있다. 이 프로젝트에는 일본 자본도 꽤 투자되어 막대한 손실을 입었다고 한다. 하지만 손실을 털어버린 후의 프로젝트는 이익을 남기는 구조로 변했다. 도시계획의 이상과 현실을 깨닫게 하는 사례다(그림 3-63).

이 도시는 칼소프가 주장하는 대중교통의 요충지를 중심으로 도보권 내에 행정, 상업, 업무, 교육 등의 기능과 다종다양한 주택을 집적시키는 transit oriented development(TOD)를 지향하고 있다. 새크라멘토 도심을 연결하는 버스정류장의 주변에는 타운홀, 유치원, 오피스파크, 교회 등이 설치된 타운 센터가 완성되었다. 그리고 그 중심에서 도보권 밖에 있는 부분은 미국 전통적인 스타일의 정원이 있는 단독주택을 조성하는 'traditional neighborhood development(TND)'가 전개되고 있다(그림 3-65, 3-66). 이곳은 고전적인 동선과 대칭성을 강조한 중심 지역과 광대한 인공호수를 에워싼 여유로운 주택지가 있다. 4년 전에 이주해 온 주민에게 물었더니 여기는 새크라멘토에 가깝기 때문에 그곳으로 다니는 사람이 많고 멀게는 샌프란시스코까지 다니는 사람도 있다고 한다. 가격이 폭등하고 있는 샌프란시스코와 비해 이곳의 주택가격이 훨씬 싸기 때문이라고 한다. 그러나 이곳의 부동산 가치의 상승추세는 놀라울 정도이다. 자산가치가 상승하고 있는 점은 만족하지만 건물의 질이 떨어진다는 점은 불만이라고 한다. 확실히 뉴어버니즘에 따른 주택지의 건물은 겉만 화려할 뿐 질이 낮은 건물이 많다는 인상을 받기도 했다. 우리가 머물렀던 시사이드의 임대별장용 주택도 상당히 부실 공사로 지어져 있었다.

칼소프는 이곳을 장래에는 새크라멘토와 LRT로 연결할 구상이었지만 아직 그 시기는 먼 듯하다. 하지만 새크라멘토 시내에는 이미 LRT가 운행되고 있어 멀지 않아 그의 꿈도 실현될 것으로 보인다.[10]

---

10) Peter Calthorpe, *The Next American Metropolis-Ecology, Community and the American Dream*(Princeton Architectural Press, 1993).

그림 3-65 **인공호수를 둘러싼 주택군**
한 채당 5,000만 엔 이상 한다.

그림 3-66 **단독주택**
건물 디자인 이외는 특색이 없고 'traditional neighborhood development(TND)'와 별로 차이가 없는 것으로 보인다.

제4장

영국의 도시 탐방

영국은 앞서 설명한 대로 20세기 동안 도시계획의 선진국으로 주목받고 있었지만 그 후의 전개는 뜻대로 되지 않았고, 다수의 뉴타운이 잇따라 철거되었다. 이러한 상황에서 탄생한 것이 찰스 황태자가 주장하는 어번빌리지이다. 물론 최근의 도시계획에서도 '도크랜드(Docklands)'와 같은 거대주의를 상징하는 것도 있지만, 이것들은 이미 20세기형의 시대에 뒤떨어진 사고의 결과물이라 말할 수 있다. 본장에서는 어번빌리지 원칙에 따른 21세기형 도시계획 현장을 탐방하기로 한다.

- 파운드베리
- 울버햄프턴
- 주얼리쿼터
- 흄
- 밀레니엄 빌리지
- 레치워스

4.1 찰스 황태자의 꿈의 도시

파운드베리

이 계획은 1989년에 찰스 황태자가 그의 저서인 『영국의 미래상』[1]에서 제시했던 '정통적인 도시'를 영국 남동부의 소도시 도체스터(Dorchester)의 서측 인접지에 실현한 것이다. 이곳은 황태자의 영토이자 국내 유수의 리조트지역이라는 보수적인 이미지와 마스터플래너인 레온 크리에가 지닌 괴팍한 풍모가 말해주듯 국내외에서 커다란 반향을 불러일으켰다.

어번빌리지란 그 이름대로 도시에 마을과 같은 스케일감과 친밀함을 회복하고자 하는 것이다. 기본적으로는 자동차를 이용하지 않고서도 모든 볼 일을 볼 수 있고, 다양한 계층의 사람들이 함께 거주하면서, 다양한 용도의 시설이 혼재하는 커뮤니티를 형성하고자 하는 이론이다. 또한 계획 입안에 있어서는 주민참가를 전제로 하여 도시 분위기의 디자인에 있어서는 주변의 여건을 존중하도록 요구하고 있다. 그리고 전체적으로는 현재 세계적 과제인 '지속가능한 환경'의 실현을 지향하고 있다.

이것이야말로 '정통한' 주장이지만 그 과제의 모든 것을 충족하기는 어렵고, 영국 55개소의 이른바 어번빌리지를 조사한 카디프 대학의 팀에 의하면 그 대부분은 개발허가를 쉽게 얻기 위해서이거나, 매각을 순조롭게 하기 위해 그 이름을 붙였을 뿐이라고 한다.[2] 이러한 연유에서 황태자는 '어번빌리지 포럼'이라는 조직을 만들어 도시계획 기준을 엄격하게 적용하고 있다.

'파운드베리'는 물론 그 원형이기 때문에 상당 부분이 원칙을 준수하고

---

1) 찰스 황태자, 出口保夫譯, 『英國の未來像·建築に關する考察』(東京書籍, 1990).
2) Peter Neal, *Urban Villages and the Making of Communities*(Spon Press, 2003).

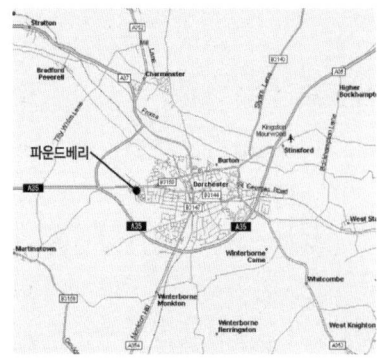

그림 4-1 도체스터 시의 지도

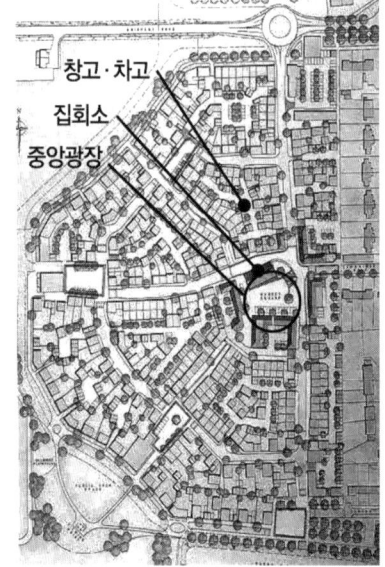

그림 4-2 **파운드베리의 배치도**
(http://www.byen.org/poundbury.html)

있다. 그러나 환경문제에 대해서는 디자인코드만큼 문제의식이 높다고는 할 수 없었다. 그래도 용도혼합, 주민혼재, 적당한 스케일, 직주근접, 범죄예방 등의 문제에 대해서는 나름대로 주목할 만한 성과를 올리고 있었다. 1993년에 시작된 제1기공사 7.5ha 190가구의 빌리지는 1995년에 완공된 직후 모두 매각되었고, 현재 70ha 5,000명의 인구를 목표로 제2기 공사가 진행 중이다. 이 외에도 점포, 오피스, 공장, 학교 등이 혼재한다(그림 4-1~4-4).

황태자는 미국 뉴어버니즘의 도시인 시사이드에서 그 발상을 얻었다. 그는 이 프로젝트에 크게 감명받았으며 자기 나라에서도 이러한 것이 가능하지 않을까 생각하여 자신의 영토를 실험대상으로 삼았던 것이다. 디자인 규제를 철저히 하기 위해 행정관계자와 디벨로퍼, 설계자 등이 모여 단기간에 의사결정을 내리는 '샤레트'라는 뉴어버니즘에 채용된 방식도 도입했고, 마스터플랜은 레온 크리에에게 일임했다. 어번빌리지 포럼의 기준 만들기에는 시사이드의 설계자인 엘리자베스 플래터도 참여했다. 말하자면 대서양을 사이에 두고 영국과 미국 양국에서 동일한 개념이 서로 다른 이름으로 불리는 것이다. 그러나 영국에서의 그린필드

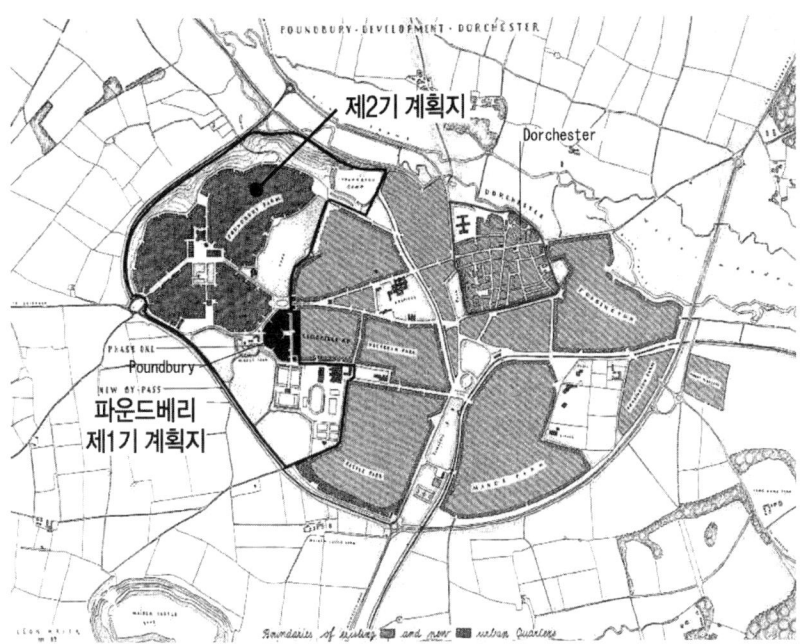

그림 4-3 파운드베리의 위치도

그림 4-4 파운드베리의 전경

그림 4-5 파운드베리 개발사무소

개발은 엄격하게 제한되어 있고, 어번빌리지는 오히려 '브라운필드(본래는 공장 이전적지 등과 같은 토양오염이 우려되는 토지를 의미하지만 광의로는 황폐한 시가지도 포함된다)'에 계획되는 경우가 많으며, 또한 그때는 공적기관과 파트너십을 구성하는 경우가 많다.

우리는 현지 사무소와 만날 약속을 하려 노력했지만, 일정이 잘 맞지 않아 약속 없이 직접 찾아갔다. 마침 책임자인 사이먼 코니베어 씨가 자리에 있어, 여러 가지 이야기를 나눌 수 있었다. 그는 이곳에 연간 3만 명이 넘는 방문객이 찾아오기 때문에 현지 답사 요청은 거절하고 있다고 한다. 부지는 원래 프린스오브웰스인 황태자가의 제반 비용을 조달하기 위해 유보되고 있는 영토이고, 이 땅에서 어떻게 수익을 올리느냐에 대해서는 의회의 승인이 필요하지만 우선적으로는 황태자에게 맡기고 있다. 이 토지는 원래 농장으로 운영되고 있었지만 이것을 개발해 차지권(借地權)과 소유권을 분양했다(그림 4-5).

사무소는 숲속에 예전부터 있었던 지방관료의 저택과도 같았고, 우리는 왕실 문양이 새겨진 비스킷으로 환대받았다. 부지 동편에는 1950년대에 개발된 상당히 저밀도의 공영단지가 있다. 좀 더 동쪽으로는 인구 약 1만 5,000명의 도체스터의 시가지가 있다. 이 도시는 로마시대의 유적이 남아 있어 오래된 역사를 자랑하고 있었고 환상도로로 둘러싸인 부분이 구시가지이고 대륙 도시처럼 도로가 좁은 전통적인 도시 분위기가 남아 있다. 파운드베리는 마치 이 도시의 커피와도 같은 곳이었다(그림 4-6).

제1기 계획에는 141가구의 분양주택과 50가구의 반공영주택이 혼재하고 있다. 개발밀도는 ha당 34호로 상당히 저밀도이지만 그래도 인접하는

그림 4-6
도체스터의 시가지
로마시대의 유적이 남아 있는 역사도시. 근교는 별장과 노후의 은거지로서 인기가 높고, 부동산사무실을 들여다보았더니 1억엔을 넘는 물건뿐이었다.

그림 4-7 **중정형의 주차장**
도로에서 보이지 않는다.

그림 4-8 **중앙광장**
레온 크리에 설계의 집회시설은 1층이 필로티 형태를 띠고 있으며 새벽시장 등이 열린다.

단지의 두 배나 된다. 주차대수는 가구당 2.5대를 상정하고 있지만 주차장은 뉴어버니즘의 사례와 유사하게 가로에서 보이지 않도록 하고 있다. 우리가 방문했을 때는 아직 카페가 있을 뿐 선술집(pub)은 개점되지 않았고, 편의점은 공사 중이었다(그림 4-8).

부지 내 도로는 도로로서의 기준에 미달해 사도 취급을 받지만, 도로표지와 신호를 없애기 위해 굴곡을 많이 주어 자동차가 속도를 올리지 못하도록 하고 있었다. 도로 중앙에 수목이 식재된 곳도 있다(그림 4-9). 또한 보도와 이면도로는 자갈포장이고 이것은 경제성 이외에도 유지관리의 용이함, 수상한 사람의 접근방지, 스케이트보드로 인한 소음방지 등의 효과가 있다고 한다(그림 4-10). 각각의 주택이 직접 도로에 접하고 있기 때문에 이렇게 고안되

그림 4-9 도로표식을 설치하고 싶지 않아 일부러 도로를 직각으로 꺾는다거나, 중앙에 식재해 자동차가 속도를 내지 못하도록 하고 있다. 일종의 '본에르프(woonerf)'다.

그림 4-10 도로는 원칙적으로 보도가 없고 자갈이 깔려 있고, 주택과의 사이에 장애물도 거의 없다. 유럽의 상가 형식이다. 일부 식재대가 있지만 관리는 주민이 한다.

그림 4-11 골목
막다른 곳이 없다.

그림 4-12 주택 뒤편 정원에 있는 창고
정원에는 제한적으로나마 증축이 가능하다.

그림 4-13 사회주택
외견상 다른 건물과 구분할 수 없다. 디벨로퍼는 의무적으로 건설 호수의 20%를 사회주택으로 지어야 한다.

그림 4-14 초등학교

었던 것이다. 또한 이곳에서는 범죄방지를 위해 막다른 회전도로는 설치하지 않고 모든 통로는 다른 통로와 직접 접속되는 '침투성(permitability)'이라는 개념이 존중되고 있다(그림 4-11).

주택 뒤편의 정원에는 부대시설로서 창고와 차고가 있고, 그 위에는 '할머니가 거처하는 방(granny)'이라 불리는 객실 겸 서재 등이 배치되어 있다(그림 4-12). 저소득층을 대상으로 한 '사회주택(social housing)'이라는 반공영주택은 개발업자에게 의무적으로 건립하도록 강제하고 있지만 외관상으로는 거의 구분할 수가 없다(그림 4-13). 주택은 단독주택, 2주택 연동주택, 테라스하우스 등 다양하며 분양가격은 1,100만 엔 정도에서 8,000만 엔 정도이고, 지불방법도 다양하게 마련해 저소득층의 '취득가능성(affordability)'을 중시하고 있다. 다만 대형 주택에는 런던 등의 도시에서 은퇴한 고령자 부부 등이 많이 살아, 애써 설치한 초등학교의 학생 수가 늘지 않아 고민거리라 한다(그림 4-14).

이 도시의 독특한 디자인을 유지하기 위해 공업생산품은 적극적으로 배제하고, 엄격한 디자인코드로 개구부, 지붕, 외벽, 조명기구 등이 규제되고 있다(그림 4-15). 또한 TV 안테나 설치는 금지하고 있고 모든 주민은 케이블TV에 의무적으로 가입하도록 되어 있다. 독특한 형태의 굴뚝은 실제로는 기능하지 않지만 도시의 상징이기 때문에 너무 심각하게 받아들이지 말아달라는 것이 코니베어 씨의 주문이었다. 또한 이곳에는 도시의 경계를 명확하게 하기 위해 외곽의 주택은 성벽과 같은 역할을 부여하고 있다(그림 4-16).

용도혼합을 표방하는 어번빌리지이기 때문에 오피스와 공장 등도 유치하고 있고, 초콜릿과 콘플레이크 등을 생산하고 있다. '도체스터 초콜릿'은 국가 브랜드로서 70명의 종업원 중 12명이 이 도시에 거주하면서 직주근접을 실현하고 있다(그림 4-17).

현재 제2기 공사가 진행되고 있고, 광대한 공원녹지, 노인주택, 구급센

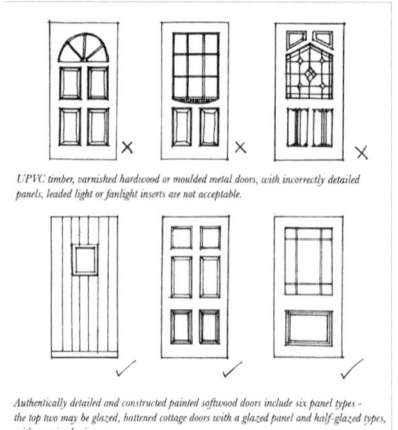

그림 4-15 디자인 가이드라인
상세히 규정하고 있다.

그림 4-16 개발지역의 변두리
이곳의 바깥쪽에는 농지가 있다.

그림 4-17 초콜릿 공장
70명의 종업원 중 12명이 이곳 주민이다.

터, 묘지 등을 포함해 최종적으로는 100년 후의 완성을 목표로 하고 있다. 이렇게 장기적인 관점을 고려하여 수립한 계획이란 역시 왕실의 자산이기 때문에 가능한 것이 아닐까? 시작되고 난 후 정확히 100년을 맞이하는 전원도시의 시초인 레치워스의 성숙한 모습을 보게 되면 향후 도시계획에는 이렇게 심사숙고하는 관점이 필수불가결하지 않을까 생각한다. 제1기 공사에서 가로수 등이 빈약한 이유를 물었더니 역시 100년 후에는 거목으로 성장할 것을 예상하여 식재 간격을 충분히 두었다는 대답이었다. 떡갈나무는 성장이 빠르기 때문에 좋지 않다고 했다(그림 4-18).

그림 4-18 식재는 언뜻 빈약하게 보이지만, 100년 후에는 거목으로 성장할 것으로 예상하고 있다. 역시 전통 있는 왕가의 재산은 이 정도의 잣대를 가지고 평가한다고나 할까?

 한편 최근 재혼한 황태자는 파운드베리 사업에서 막대한 이익을 올렸고 1969년에 자산을 상속받은 시점에서부터라면 현재 그 평가액은 50%나 증가했다고 한다. 파운드베리의 당초 토지매각 단가는 1에이커(0.4ha)당 4만 파운드(약 800만 엔)였던 것이 현재는 35만 파운드(약 7,000만 엔)가 되었으니 10년간에 약 9배로 증가했다는 것이다. 디자인에 대한 개인마다의 취향은 다를 수 있지만, 이렇게 확실한 개념을 지닌 도시계획은 이익을 창출한다는 사실을 명기해도 좋을 것 같다.[3]

4.2 황폐한 도시의 자원을 발굴한다

울버햄프턴의 센트존 어번빌리지

 울버햄프턴은 인구 24만 명의 전형적인 영국의 중소도시로서 자동차산업으로 발전한 버밍엄에서 약 30km 정도 북쪽에 위치하고 있다. 이 도시의 도심부는 직경 2km 정도의 환상도로로 둘러싸여 있고, 그 북동쪽 끝에

---

3) `The Telegraph`(London, May 27, 2003).

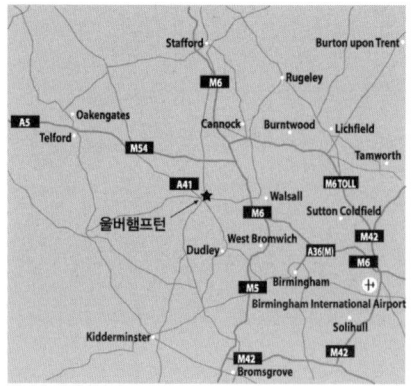
그림 4-19 울버햄프턴의 위치도

철도역이 입지하고 있다(그림 4-19, 4-20). 도시의 중심부에는 시청 등과 인접해 대형 쇼핑센터가 있지만 그 이외의 지역은 쇠락해 있었다. 다수의 건물은 철거되어 주차장이 되었으며, 쇼핑센터가 문을 닫는 저녁 이후에는 무서워서 가까이 갈 수도 없는 장소로 변해버렸다(그림 4-21).

우리는 도시 환경 개선을 위해 찰스황태자가 세운 '어번빌리지 포럼'의 현지 사무소로, 쇼핑센터 남쪽에 위치한 '센트존 어번빌리지'를 찾아갔다. 사무소에는 책임자인 이멜더 헤이우드씨 등 여직원이 두 분이 있었다. 이들은 도시 환경과 관련해 여러 업무를 처리하고 있었지만 그중에서도 주민을 설득하는 일이 가장 힘들다고 했다. 하지만 그 일이 어려우면 어려울수록 그 만큼 업무의 중요성과 함께 자신의 가치가 소중하게 여겨진다는 그들의 이야기는 인상적이었다(그림 4-22).

이곳에서의 계획은 환상도로로 둘러싸인 부분을 특색 있는 몇 개의 지구로 구분해 각각의 특징을 활용하여 재생한다는 것이었다. 현지사무소가 있는 남쪽지구에는 이 도시의 심볼인 센트존 교회를 중심으로 그 주변에 남아 있는 조지언 양식의 벽돌조 타운하우스 군을 영국의 문화재보호기금인 '잉글리시 헤리티지(English Heritage)'의 조성금으로 복원하여 오피스와 아파트로 재생했고, 이미 입주도 시작되어 꽤 고급스러운 분위기를 연출하고 있다.

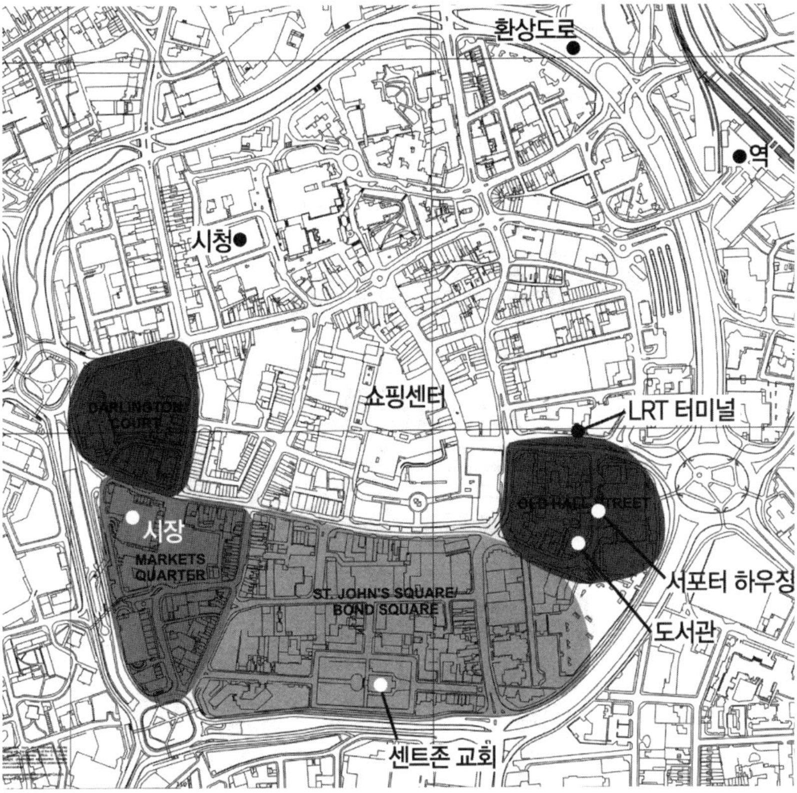

그림 4-20 울버햄프턴의 도심부
환상도로로 둘러싸여 있는 부분의 남쪽 절반이 센트존 어번빌리지의 계획지(Llewelyn Davies, St John's Village-Wolverhampton Urban Village Framework Plan Final Report, 1999).

그림 4-21 상점가
주간에는 꽤 활기가 있지만, 저녁 이후에는 중심에 있는 쇼핑센터가 문을 닫아, 도심부에 블랙박스가 생긴 것처럼 변한다.

그림 4-22 센트존 어번빌리지 사무소
본즈스트리트라는 재생 지구에 있다.

제4장 영국의 도시 탐방 **95**

그림 4-23 센트존 교회 앞의 재생지구
조지언 양식으로 수복되었다

그림 4-24 스노우힐의 역사지구
17세기 타운하우스의 잔존물을 활용해, 도로에 접하여 상점을 배치하고, 상층부는 social housing으로 개조.

그림 4-25 버밍엄행 LRT 터미널

잉글리시 헤리티지 보조금은 심사기간이 짧고 교부할 때까지 시간이 그다지 소요되지 않는다는 점에 만족하고 있었다(그림 4-23).

이 지구의 동북쪽으로 이어지는 스노우힐이 울버햄프턴에서 가장 역사가 오래된 지구이다. 이곳에는 17세기까지 거슬러 올라가는 역사적인 목조상가가 간신히 남아 있으나 이것에 가치를 발견한 어번빌리지 사무소는 재건축을 희망하는 권리자들을 설득하고 복원개수를 실시하여 주변 지구의 자산 가치를 증식시키고자 했다(그림 4-24). 이 지구에서 북쪽으로 더 가면 버밍엄에서 오는 LRT의 터미널이 있다(그림 4-25). 이 지구에는 역사유산은 없지만 이전에 교회였던 건물이 슈퍼마켓이 되는 등 상당히 역동적이었다. 또한 성인대학, 도서관 등도 있고 어번빌리지 사무소에서는 이 지구를 교육지구로 정비할 계획이다(그림 4-26). 그리고 이곳에는 영국 최대의 사회문제인 청년층 실업자를 줄이기 위한 직업훈련소를 겸비한 공동주택이 건설되어 제법 본격적으로 추진되고 있음을 볼 수 있었다 (그림 4-27). 또한 교외에 있는 시립대학의 분교도 유치할 예정이다.

쇼핑센터 서쪽 지구에는 옥외와 옥내 시장이 있다. 이 시장들은 민간개발업자가 상업용지와 64가구의 공공주택을 공급할 목적으로 2004년에 오픈했다(그림 4-28). 또한 이 지구의 서쪽에는 시와 교회가 보유하고 있는 광대한 미이용지가 있고 현재 이곳을 거점으로 기존 쇼핑센터를 포함하는 재개발 계획이 발표되었다. 호황에 들떠 있는 버밍엄 도심 지구에 대항하기 위해서다.

이렇게 언뜻 보기에 도저히 손댈 수 없을 정도로 황폐한 도시에서도 주의 깊게 찾아보면 몇 개의 쓸 만한 자원을 발굴하는 경우가 있다. 그 자원을 어떻게 활용하느냐가 관계자의 책임으로 남아 있다. 우리가 어번빌리지 사무소의 여직원 두 분과 대화를 나누고 있는 동안 지역신문사의 사진기자가 찾아왔다. 그는 일부러 일본에서 오셨다고 기뻐하면서 사진을 찍었다. 나중에 알게 되었지만 홈페이지에 그 사진이 올려져 있었다. 그 직원들에 따

그림 4-26 **교육지구**
교육시설은 젊은이를 도시로 불러들이는 유효한 수단이고 고령자를 집안에서 끄집어내는 효과도 있다.

그림 4-27 '서포트하우징' 직업훈련소 겸 공동주택 공사 중이었다.

그림 4-28 2002년 당시의 야외 시장.
재생공사가 진행 중이었다.

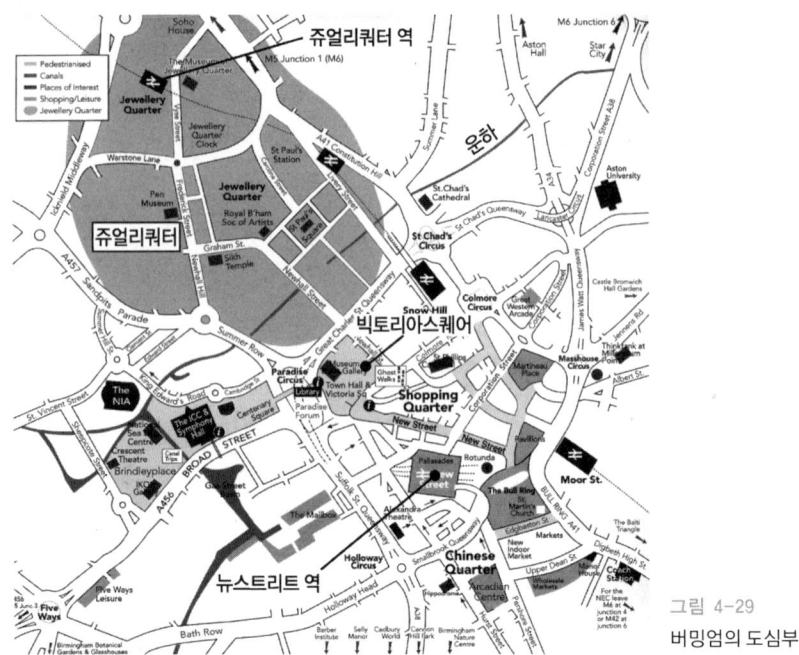

그림 4-29
버밍엄의 도심부

르면 영국에서는 도시재생을 위한 인재육성 교육을 실시하지 않는 것은 문제라고 지적했지만, 일본도 사정은 다를 게 없다고 대답했다.[4]

4.3 기적의 재생에 성공한 영국 제2의 도시

버밍엄의 주얼리쿼터

울버햄프턴에서 LRT를 타고 30분 정도 가면 영국 제2의 대도시 버밍엄

---

4) 다음 홈페이지를 참조.
http://www.wolverhamptoncity.co.uk. http://stjohnsuv.org.uk/stjohn.htm

시에 도착한다. 이 LRT는 당초 영국에서도 손꼽을 정도의 통근 러시를 완화하기 위해 부설된 것으로 시내는 노면전차로서 천천히 달리지만 도시를 벗어나면 속도를 내어 보통 전철과 차이가 없다. 버밍엄 시내에 들어가는 입구에 주얼리쿼터 역이 있다. 이곳은 18세기 무렵부터 보석 장인들이 거주하고 있던 곳이고, 말하자면 교토의 니시진(西陣)처럼 관련된 각종 직업에 종사하는 장인들이 거주하는 도시였다. 그러나 제2차세계대전의 전화에 따른 파괴와 그 후의 영국 경제 불황으로 인해 도시는 슬럼화 되었지만 최근에 어번빌리지 수법이 적용되어 재생하게 되었다(그림 4-29~4-32).

버밍엄 시 자체 인구는 약 100만 명이지만 그 주변 인구를 포함하면 600만 명에 달하며 중심부의 공동화가 심각했다. 또한 산업구조는 종래의 중공업에서 서비스업으로 변했고 이에 따라 기능이 없는 이민해 온 단순 노동자가 인구의 4분의 1을 차지하는 도시가 되었다. 그러나 실업자가 많고, 일본과는 다른 의미에서의 사회문제를 안고 있었다. 이 도시가 기적적인 재생을 이룬 과정은 2004년 3월 NHK에서 방송한 <63억 명의 세계지도>에서도 소개되었다.

버밍엄 시는 주변지역을 포함하는 세밀한 재생계획을 수립하여, 중심시가지에 대해서도 앞서 설명한 주얼리쿼터를 포함하는 구체적인 재생활동이 이루어지고 있다. 특히 중앙역에 해당하는 뉴스트리트 역에서 시 청사가 있는 빅토리아스퀘어를 경유해 국제회의센터(ICC) 방면으로 연결되는 가로는 보행자 공간이고, 이 길을 따라가면 아름답게 수복된 운하 부근의 옥내 경기장(NIA)에 갈 수 있다(그림 4-33). 또한 서쪽으로 향하면 주얼리쿼터로 들어가게 된다. 이 공간에는 콘서트홀, 미술관, 도서관 등도 모여 있고, 지금은 버밍엄의 주요산업이 되어버린 컨벤션에 적합한 환경이 조성되어 있다. 특히 ICC에서 직접 접근할 수 있는 운하의 안벽에는 작은 광장에 접하여 레스토랑 등이 늘어서 있어 미국 최대의 컨벤션시티인 샌안토니오의 리버워크를 떠오르게 한다(그림 4-34). NIA의 전면에는 세 방향

그림 4-30 주얼리쿼터

그림 4-31 LRT 주얼리쿼터 역 앞 보석상가

그림 4-32 주얼리 칼리지
교육시설이 도시의 재생에 중요하다.

그림 4-33 국제회의센터(ICC) 앞 보행자 공간
시청사를 비롯하여 공공기관이 집적하고 있다.

그림 4-34 운하 부근의 소광장
운하에는 유람선이 떠있고, 밤에는 미국 샌안토니오의 리버워크와 비슷한 분위기를 연출한다.

에서 온 운하가 합류하여 마치 계류장처럼 멋진 경관을 연출한다(그림 4-35). 관광선이 왕래하는 운하의 주변에는 최근 세워진 고급 맨션이 늘어서 있고, 예전의 슬럼은 지금은 손꼽을 정도로 유명한 지구로 변모했다(그림 4-36).

그림 4-35 옥내경기장(NIA) 앞의 계류장
암스테르담과 유사한 분위기이다.

한편 주얼리쿼터에는 현재 1,200개소 이상의 보석 관련 회사와 100개 이상의 보석점이 집적해 있다. 보석장식미술관과 보석장식학교도 있고 지역의 전통을 활용한 도시계획은 성공한 것처럼 보인다. 그러나 재생사업이 성공했다는 것은 지역의 자산가치가 상승하는 것이고 그것은 곧 지가와 집세가 폭등하는 것을 의미한다(그림 4-37). 브라운필드의 재생에는 이러한 딜레마가 있고 이를 완화하기 위해 재생지구의 주택개발에는 일정한 비율의 사회주택 설치를 의무화하고 있다. 그럼에도 보석장식과 같은 생산성이 낮은 전통산업으로는 비싼

그림 4-36 운하변 재생지구
고급 맨션이 늘어서 있다.

그림 4-37 주얼리쿼터의 재생지구
예전의 보석장식공장은 고급분양주택으로 재생되었다. 사업은 성공한 것일까 아니면 사회적 약자를 추방한 것일까?

임대료를 감당하지 못하여 이대로 존망의 위기로 치달을 것이라고 어번 빌리지 수법에 대하여 비판하는 의견도 적지 않다.5)

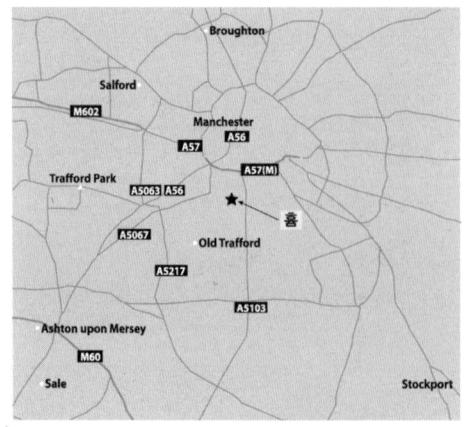

그림 4-38. 흄 지구의 위치도

4.4 실패로부터 배운다

맨체스터의 흄 지구

이 책의 머리글에서 설명한 20세기 도시계획의 실패 사례 중 하나인 맨체스터 흄 지구는 그 후 어떻게 되었을까?

사건의 발단은 올림픽 유치운동에서 시작되었다. 그때까지 버밍엄, 리즈, 글래스고 등 국내의 여러 도시와 도시정비를 경쟁하고 있던 이 도시의 정치가들은 올림픽 유치를 위해 바르셀로나, 밀라노, 프랑크푸르트 등의 외국 도시를 시찰하여 그들과의 격차에 크게 실망했다. 그래서 이 지구의 재생에 총력을 기울이기로 하여, 1991년 'City Challenge 계획'을 수립하고, 1994년에는 재생을 위한 가이드라인을 확정지었다. 재생사업에는 맨체스터 시, 잉글리시 파트너십 이외에도 어번빌리지를 추진하고 있는 황

---

5) 버밍엄에 대해서는 다음 홈페이지를 참조. http://www.birmingham.gov.uk. 주얼리 쿼터에 대해서는 Peter Neal의 *Urban Villages and the Making of Communities*를 참조.

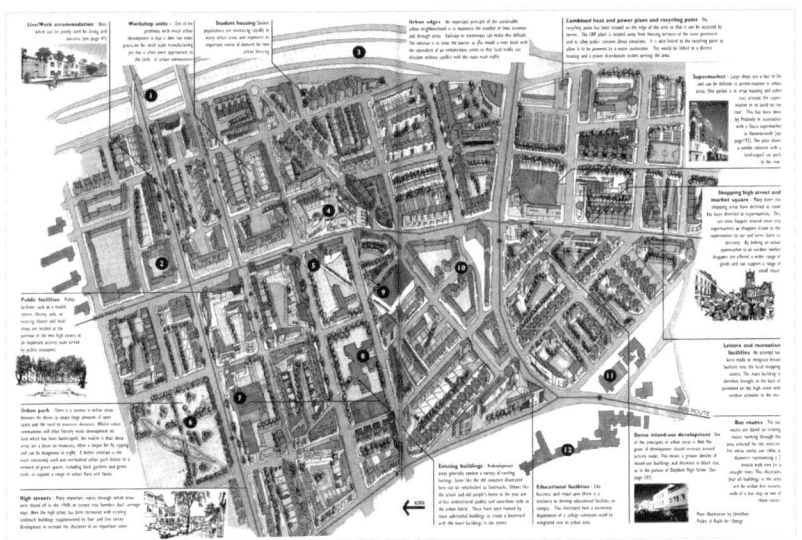

그림 4-39 흄 지구 재생을 위한 마스터플랜
David Rudlin et al., *Building the 21st Century Home*, pp. 216~217

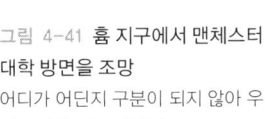

그림 4-40 건설 중인 현장
민간개발업자에 의해 건설·판매되고 있지만 기반시설은 공공자금으로 정비된다. 민간부문은 비용을 절약할 수 있다. 공공부문은 최소한의 투자로 도시를 재생할 수 있다.

그림 4-41 흄 지구에서 맨체스터 대학 방면을 조망
어디가 어딘지 구분이 되지 않아 우리는 길을 잃고 헤맸다.

제4장 영국의 도시 탐방 **103**

태자재단도 참여했다. 공공사업은 1997년에 완료되었지만 현재도 개발사업이 민간주체로 추진되고 있다. 1999년에 분양된 주택이 2,000만 엔에 팔렸을 때, 이 사업의 성공이 예견되었다고 한다(그림 4-38~40).[6] 그리고 철거된 예전의 근대적인 단지의 부지에는 지금도 디벨로퍼에 의해 분양주택 건설이 계속되고 있다(그림 4-41).

이 도시에 들어서면 그 윤곽이 뚜렷하지 않다는 것을 느낄 수 있다. 주위의 거리분위기가 서로 완전히 융합되어 있다. 디자인 가이드라인이 지역의 특성을 고려하도록 요구하고 있기 때문이다. 그렇다고 해서 보수적이지도 않고 최근 유행하고 있는 외부단열의 목제외벽 등을 사용하여 환경공생에 대한 의지를 드러낸 건물도 있다(그림 4-42, 4-43). 그러나 무엇보다도 특징적인 점은 그 배치계획으로 코르뷔제가 구상했던 무제한(free standing)의 고층빌딩은 전혀 없고, 가로에 접한 중·저층 건물로 구성되어, 언뜻 보기에 빅토리아 시대의 도시와 같은 양상을 띠고 있었다. 일찍이 이 도시의 심벌이었던 교회당도 보존되어 주변 건물과 조화를 이루고 있었다. 또한 용도혼합의 원칙을 채용하여 메인스트리트에 접한 건물의 경우 지상층에는 상업공간을 배치하고 그 위층은 주택을 배치하여 공유의 중정을 에워싸도록 배치했다(그림 4-44, 4-45). 이렇게 건물로 가로를 구성하는 것은 유럽 전통도시의 일반적인 양식이고 이것을 부정했던 것이 근대 건축이론이었다. 근대건축이론에서는 가로에서 후퇴하여 전면에 공지를 조성했고 이 경우 그곳의 관리를 누가하느냐가 애매하게 되어 결국은 쓸모없는 공간으로 되어버렸다. 또한 건물내부로부터의 시선이 차단되기 때문에 범죄억지력도 약했다. 이와는 대조적으로 건물이 직접 가로에 접하는 가로 구성은 결과적으로 공지는 중정으로 이용되고 관리하는 것도 이용하는 것도 주민 몫이 된다. 이 방식은 어번빌리지를 비롯한 다수의 선

---

6) David Rudlin et al., *Building the 21st Century Home*, 제13장.

그림 4-42 **환경공생을 의식한 집합주택**
외벽에는 외부단열을 보호하기 위해 목재 합판을 붙였다. 목재는 대기 중의 이산화탄소를 고체 형태로 흡수한 것이기 때문에 유럽의 건축에서는 외장재로 많이 이용되고 있다. 이 외에도 옥상 녹화도 추진되고 있다. 도로변에는 점포와 오피스가 입주하고 있다.

그림 4-43 **환경공생 집합주택의 중정**
주차장과 정원으로 쓰인다. 주민이 관리하고 있어 안전했으며 공공부문의 관리도 필요 없었다.

그림 4-44 **저층주택지구**
멀리 버밍엄에서 가장 높은 첨탑을 지니고 있고 클로저가 설계한 센트메리 교회가 수복되어 이 지구의 상징물이 되었다.

그림 4-45
길모퉁이 건물에는 선술집(pub)이 입지할 수 있도록 상징적인 형태를 띤다.

그림 4-46
맨체스터도 LRT를 도입하여 도시 전체의 재생을 모색하고 있다.

그림 4-47 맨체스터의 교통광장
안도 다다오(安藤忠雄)가 설계했고 최근에 완성되었다.

구적인 도시계획에 채용되었고 블레어 정권의 요청으로 건축가 리처드 로저스가 설치한 '어번태스크포스'가 발간한 '어번르네상스를 향하여'에서도 이 방식을 장려하고 있다.

 이 계획의 추진현황에 대해서는 맨체스터에서 자랐고 예전에는 맨체스터 시청에서 도시계획에 참여했던 데이비드 래드린이 쓴 『21세기의 주택 만들기』라는 책에 상세하게 기록되어 있다. 그는 1960년대의 실패한 계획들은 당시로서는 천국으로 가는 길이라고 굳게 믿고 실천한 것이지만, 그곳에 거주하는 사람들의 목소리에 귀를 기울이지 않았던 것이 최대의 실패 원인이라고 지적하고 있다. 그리고 이곳의 계획과정에서는 주민참여를 최대한 보장했고, 그 후 유지관리도 주민이 적극적으로 하고 있기 때문에 문제는 그리 많지 않다고 한다.

맨체스터 시 자체도 도심부가 IRA의 테러로 크게 파손되는 등 고난의 세월을 겪어 왔지만 현재 도시의 중심지인 피카디리 광장과 철도역 주변 등에는 LRT를 도입하는 새로운 도시계획이 진행 중이고, 예전의 사양도시라는 모습은 점차 사라지고 있다(그림 4-46, 4-47).

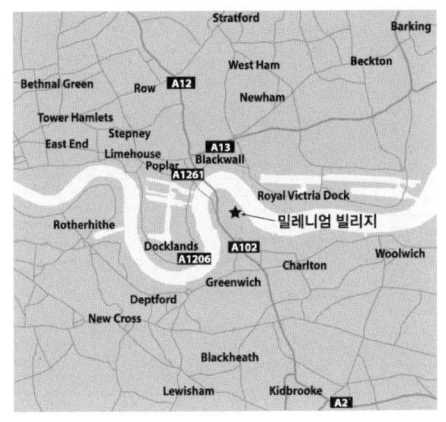

그림 4-48 밀레니엄 빌리지의 위치도

4.5 2000년을 기념한 도시계획

런던의 밀레니엄 빌리지

서기 2000년의 카운트다운은 세계 각지에서 성대하게 개최되었지만 런던에는 이를 위한 특별한 시설이 설치되었고, 새로운 지하철노선도 개통되었다. 시의 중심부로부터 템스 강을 끼고 반대편 강가인 그리니치에 있던 가스공장 이전적지에 건설된 것이 다목적 이벤트홀인 '밀레니엄돔'으로, 그곳까지 가는 새로운 지하철 노선이 '주비리라인'이다. 둘다 리처드 로저스를 비롯한 기백 있는 건축가가 디자인한 것으로 21세기에 어울리는 미래의 분위기를 자아내고 있다(그림 4-48).

바로 이곳이 21세기 도시계획 모델로서 개발된 '밀레니엄 빌리지'이다. 계획 면적은 120ha, 계획인구 7,500명, 계획가구 3,000세대인 이 프로젝트의 마스터플랜은 1997년에 개최되었던 설계대회에서 입상한 랄프 아스킨

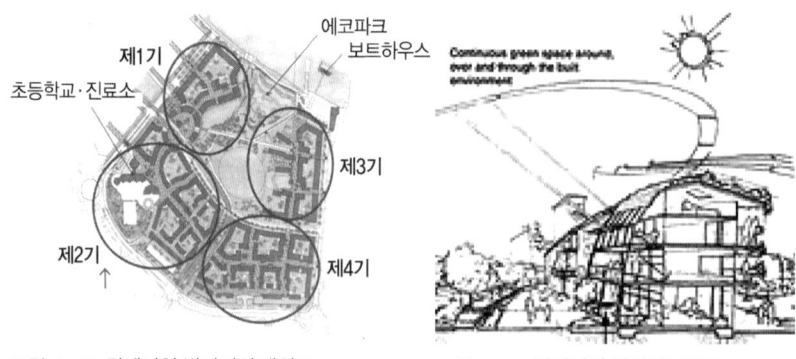

그림 4-49 밀레니엄 빌리지의 배치도

그림 4-50 밀레니엄 빌리지 구상도
환경에 대한 배려를 강조하고 있다.

그림 4-51
밀레니엄 빌리지의 제1기 사업 부분
외장은 맨체스터의 흄 지구처럼 목재 부분이 눈에 띈다. 지붕은 철골조. 목재형 틀을 피하기 위해서라 한다.

그림 4-52 레크리에이션을 위한 보트하우스
런던에서 템스 강을 건너는 것만으로도 조용하고 한가로운 환경을 만끽할 수 있다.

그림 4-53
예전의 늪은 에코파크로 변했다.

그림 4-54
초등학교와 진료소도
있다.

그림 4-55 **판매사무소**
규모가 크고 모델룸과 모형도 갖추고 있었다.

그림 4-56 **최근 오픈한 목조 슈퍼마켓**

그림 4-57
제1기 부분의 중정
입체주차장이 설치되었다. 이곳도 외부에서는 주차창이 보이지 않도록 했다.

제4장 영국의 도시 탐방 **109**

작품이다(그림 4-49, 4-50). 이 작품은 기본적으로 어번빌리지의 개념을 수용하고 있지만 지속가능성에 대한 배려를 전면적으로 표출하고 있다. 디자인적으로는 지금까지 접한 어번빌리지의 사례와는 전혀 다른 현대적인 것이었다. 아스킨은 공사기간 전체의 에너지 소비 절감을 위해 조립식 주택 양식을 채택하여 남양재의 형틀을 사용하지 않아도 무방하도록 메탈폼을 채택하는 등 각종 '라이프사이클 코스트(LCC)' 저감대책을 강구하고 있다. 건자재는 열전도율이 낮은 목재를 채택하고 있다. 또한 제1기 공사구역과 접하고 있는 연못은 원래 있던 습지를 활용해 에코파크로 조성하였고 그 옆의 템스 강에 접한 곳에는 보트하우스가 세워졌다(그림 4-51~4-53).

우리가 판매사무소를 찾아갔을 때는 제2기 공사가 시작될 무렵이었고 주택 이외에는 초등학교와 진료소 등이 몇 개소 있을 뿐이었지만 그 후 목조로 건축한 슈퍼마켓 등도 완성되어 직주근접이란 목표를 조금씩 실현하고 있었다. 고층동의 1, 2층은 복층(maisonette)으로 되어 있어 소호(SOHO) 등이 많이 이용하고 있다고 한다(그림 4-54~4-57).

그럼에도 런던을 중심으로 토지 버블은 가히 무서울 정도여서 이곳의 매매가격은 8,000만 엔 이상, 주차장 1대분은 2,400만 엔 등 놀라울 정도의 가격대를 형성하고 있었다. 구입자는 IT분야 등 전문직이 많았지만 건설되는 주택의 20%는 사회주택으로 의무화되었기 때문에 그 외의 계층 사람들도 함께 생활하고 있었다. 혹시 이와 관련하여 문제가 발생하는 경우는 없느냐고 물었더니, 20% 정도라면 문제는 발생하지 않는다는 현장의 대답이었지만 미묘한 느낌을 받을 수 있었다. 또한 믹스인컴(mix income)이란 목표를 달성하기 위해 '어포더블 하우징(afforable housing)'이라는 누구나 부담할 수 있을 정도로 다양한 지불방법을 메뉴로 제시하고 있었지만 지금의 버블 앞에서는 그것은 그다지 의미가 없는 것으로 보였다.[7]

---

7) 홈페이지 참조. http://marketing.greenwich-village.co.uk.

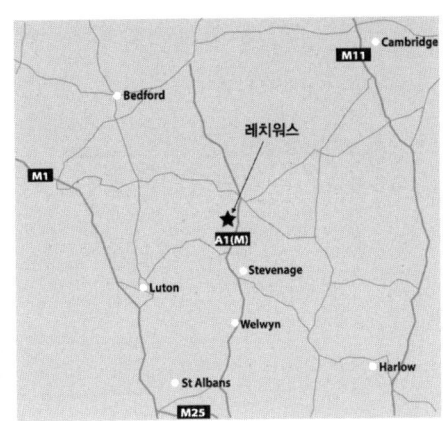

그림 4-58 레치워스의 위치도
런던 쪽으로 약간 치우친 곳에 웰윈이 있고 이곳
에서 하워드는 손을 떼었다.

4.6 전원도시의 시조

레치워스

약 100년 전에 에베너저 하워드의 구상으로 조성된 전원도시 레치워스만큼 20세기 도시계획에 영향을 끼친 도시는 없을 것이다. 르 코르뷔제는 토니 가르니에의 비전과 에베너저 하워드의 전원적인 도시 구상을 통합하여 자신만의 도시이론을 구축했다. 넘칠 듯이 풍부한 녹지 속의 전원도시라는 화려한 미래도시는 그의 꿈이었다. 그러나 그곳에는 오로지 순진무구한 이상적인 인간만이 거주하고 있었다. 하지만 21세기로 접어들어서는 세계는 그렇게 단순하지만은 않았다. 세계의 사람들은 자유롭게 교류하고, 사회계층도 문화와 종교도 서로 다른 사람들이 좋고 싫은 것을 떠나 더불어 사는 것이 현재의 도시이다. 이러한 상황에서 시행착오 끝에 탄생한 것이 어번빌리지이건 뉴어버니즘이건 결국은 레치워스로의 격세유전이 아닐까라는 점이 저자의 생각이다. 특히 그린필드 개발에 대하여 말하자면 하워드에서 얼마나 진보가 있었는지 회의적이다. 미국 주택건설에 영향을 미치고 현재 일본에도 진출하고 있는 싱크탱크 'ULI(Urban Land Institute)'의 견해도 그 범위를 벗어나지 못하고 있지 않을까?(그림 4-58, 4-59)[8]

레치워스는 런던에서 케임브리지행 전차를 타고 30분 정도 가면 고풍스러운 역이 있는데 바로 그곳에 있다. 그러나 특별하게 눈에 띄는 것은 없다. 역 앞 광장에 늘어선 상가는 예상한 대로 완전히 쇠퇴했지만, 최근에 보도가 확장되고 도로는 일방통행으로 바뀌니 노상에도 주차할 수 있어, 고객이 다시 돌아오고 있는 것 같았다(그림 4-60, 4-61). 상가 끝에서부터 주택지가 있고 그곳에 이 도시의 설계자인 레이먼드 언윈이 쓰던 사무소 건물이 있고 현재는 박물관이 되어 있었다(그림 4-62, 4-63). 언윈은 레치워스 외에도 웰윈과 햄스테드 등의 전원도시를 설계했지만, 이 도시만의 독특한 점은 도시의 운영이 주민들의 손에 의해 이루어지고 있다는 점일 것이다. 대부분의 뉴타운은 공공의 경우를 제외하면 분양이 완료됨과 동시에 주민에 의해 관리되지만 그 후 세월이 경과하면서 소유권도 바뀌게 되고 건설 당시의 이념이 상실되는 경우가 대부분이다. 레치워스는 그것을 부활시킨 매우 드문 사례이다. '레치워스 헤리티지 파운데이션'이라는 조직이 그것이고 토지와 건물 등을 기본재산으로 하여 다양한 활동을 전개하고 있다. 우리들이 찾아간 2002년에는 건설 100주년을 바로 목전에 두고 다양한 이벤트가 개최되어 활기가 넘쳐보였다.

이 도시를 한 바퀴 돌아본 느낌은 건물이 온통 나무에 파묻히고 말았다는 것이다. 또한 당시의 대부분의 건물은 개장·개축되어 신진대사가 왕성하게 이루어지고 있었다. 그러나 나무 등은 성장할 대로 성장하여 있었고 식재 후 100년이 지난 가로수는 그 연륜을 읽을 수 있을 정도였다(그림

---

[8] 레치워스와 에버네저 하워드에 대해서는 히가시 히데키(東秀紀) 씨의 『漱石の倫敦、ハワードのロンドン』(新潮社) 참조. 또한 레치워스에 이주한 고베 대학 예술 공과대학 교수인 사이키 다카히토(齋木崇人)의 영문 서적은 현지에서도 판매되고 있다.

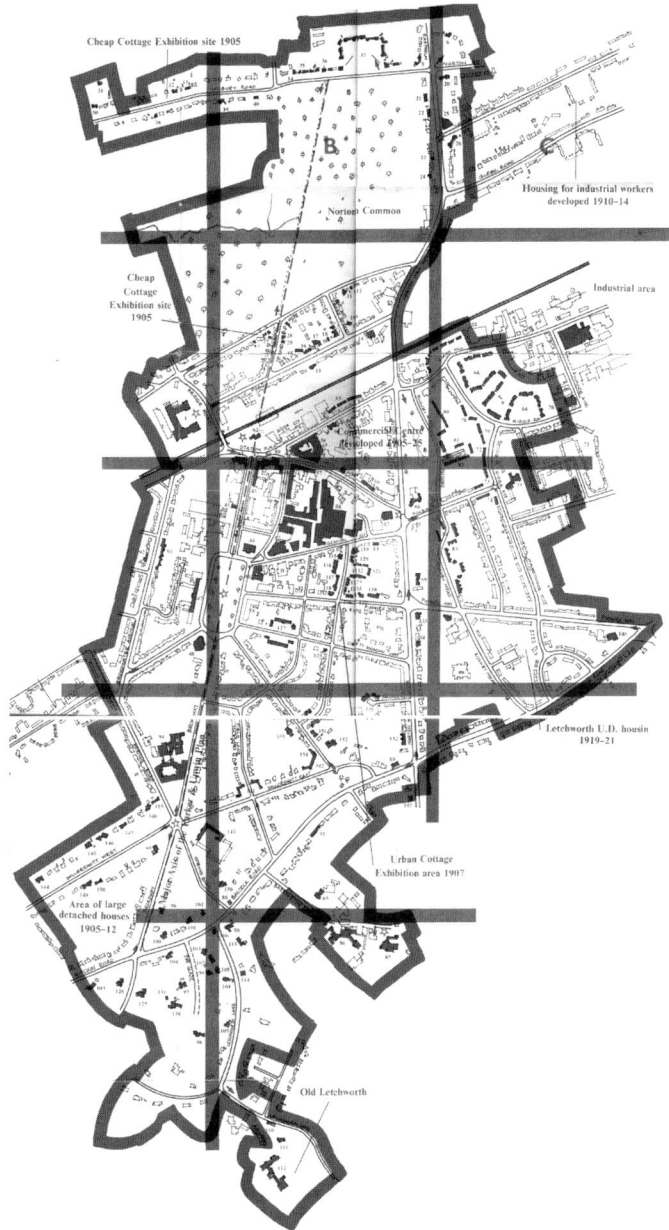

그림 4-59 레치워스의 배치도

그림 4-60 **레치워스의 역전**
역에서 직진하면 잔디가 깔린 넓은 중앙광장이 나온다. 왼쪽은 상가.

그림 4-61 **레치워스의 상가**
일방통행이고 노상주차가 가능하다.

그림 4-62 **레치워스박물관**
예전의 파커앤언윈의 설계사무소 건물을 활용. 1930년대까지 언윈은 이곳에서 설계했다. 건물은 시골집처럼 초가지붕이다.

그림 4-63 **언윈의 납인형**
건축가도 납인형이라니? 왠지 모르게 소름이 끼친다.

그림 4-64 **레치워스의 장방형 주택**
막다른 회전도로변에 있다.

그림 4-65 **레치워스의 주택가**
커다란 가로수가 늘어서 있다.

4-64, 4-65). 일본의 도시계획도 파운드베리의 코니베어 씨가 얘기했던 것처럼 100년 후를 시야에 넣고 추진해야 할 것이다.

제5장

EU의 도시 탐방

EU는 날로 가입국이 증가하고 있으며 가입된 국가도 다양하다. 그중에서 이 책에서는 콤팩트시티를 지향하고 있는 도시들을 탐방하기로 한다. 앞에서도 설명했듯이 유럽은 역사적으로 콤팩트시티의 전통을 지니고 있고 우리 연구실에서는 이 글에서 다룬 도시 이외에도 고속철도에서 케이블카에 이르기까지 대중교통체계를 정비한 리옹과 획기적인 도심활성화에 성공한 나폴리도 현지조사를 실시했지만 여기서는 좀 더 작은 도시를 둘러보도록 하겠다.

- 가스파담, 암스테르헨, 아이플랜, KNSM, 보르네오-스플랜돌프
- 프랑크푸르트
- 다름슈타트
- 프라이베르크
- 카를스루에
- 스트라스부르

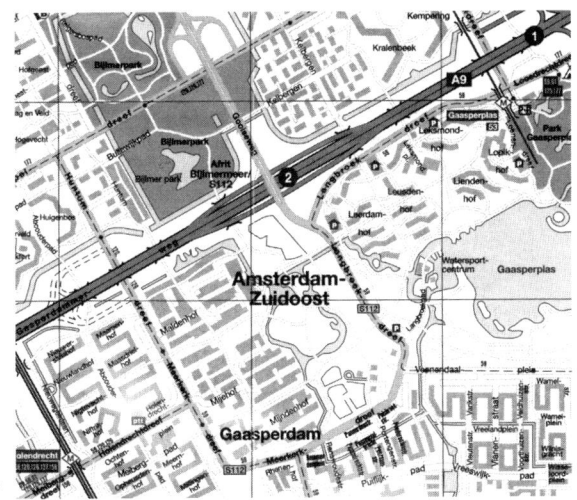

그림 5-1
가스파담 단지의 배치도
(Amsterdam ADAC City Plan)

5.1 벨마미아의 반성

가스파담 단지와 암스테르헨 단지

암스테르담의 거대단지 벨마미아는 완성되기도 전에 계획이 중지되어, 그 반성에서 1970년대 이후 인접지역에 건설된 것이 '가스파담 단지'다(그림 5-1).

주동은 저층고밀도 방식으로 전환되었고 높아도 3층이고 대부분이 2층의 연동방식으로 중정을 둘러싸는 구조이다. 외벽 마무리는 벨마미아의 콘크리트 판넬 도장이라는 차가운 느낌과는 대조적으로 전통적인 벽돌조로서 따뜻한 이미지를 준다(그림 5-2, 5-3). 오픈스페이스는 세분화하여 주민들이 관리하기 용이하도록 했다. 또한 자동차는 각 주택에 인접하여 주차할 수 있도록 주차공간이 배치되어 있다(그림 5-4). 남단의 타운 센터에는 메트로 역도 있고, 쇼핑몰도 생겼으며 이곳만큼은 최근에 건설된 곳답게 전위적인 네덜란드 건축의 분위기를 느낄 수 있었다(그림 5-5, 5-6).

그림 5-2 가스파담 단지의 주동
높이도 3층이다. 배치밀도가 높다.

그림 5-3 가스파담 단지 주동의 중정
전용 정원이 많다. 누구에게도 귀속하지 않는 부분이 적어 관리가 용이하다.

그림 5-4 가스파담 단지 주동의 주차장
주동에 가깝고, 주민 감시가 용이하다. 최근에는 안전을 위해 주차장을 가능한 한 주택 가까이 두도록 장려하고 있다.

그림 5-5 가스파담 단지의 신축 집합주택
최근의 디자인 경향을 반영하고 있다

그림 5-6 가스파담 단지의 역전 상가
휴일이어서 활기는 없었다.

벨마미아의 서쪽으로 암스테르담 시 경계를 넘으면 '암스테르헨 단지'가 있다(그림 5-7). 이곳은 보행자용 통로와 차도를 입체 교차시킨 벨마미아의 슈퍼블록과는 대조적으로 보행자와 자동차를 공존시킨 '본에르프 방식'을 채용하고 있다. 이 때문에 노면에는 활기가 넘치고 범죄예방에도 효과가 있다. 다만 자동차가 속도를 내지 못하도록 차도와 보도가 교차하는 부분에는 '험프'라는 장애물을 설치하여, 운전자는 어쩔 수 없이 일단 정지를 해야 한다(그림 5-8). 이

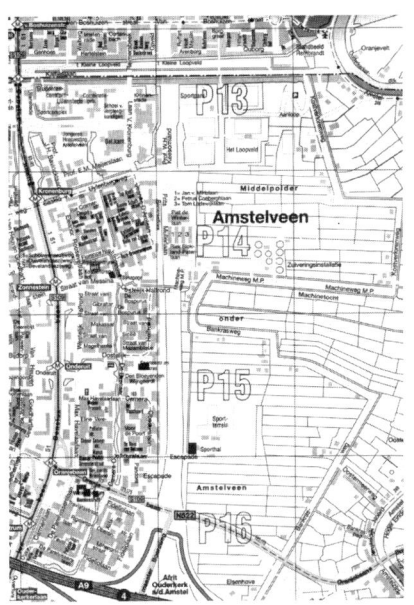

그림 5-7 암스테르헨 단지 배치도
(Amsterdam ADAC City Plan)

방식은 교통사고로부터 어린이를 잃은 부모의 제안으로 네덜란드 전역에 보급되었으며 현재는 일본에서도 광범위하게 채용하고 있다. 이곳은 시가지의 변두리와 같은 곳으로 단지는 마치 컨트리클럽처럼 녹지가 많고, 중앙에는 운하를 배치하여 대단히 화려하지만 주동 부분은 상당히 고밀도로 막다른 회전도로형태로 배치하여 균형 있게 조화를 이루고 있다. 이곳에서는 주동에 지붕을 덮도록 하고 있기 때문에 마치 20세기의 타운하우스와 같은 외관을 연출하고 있지만 네덜란드인들은 이런 것을 좋아하는 것 같았다. 덧붙여 이 도시는 일본인이 가장 많이 살고 있다고 한다(그림 5-9~5-11).

한편 벨마미아 단지의 거대한 주동은 철거되거나 개수 혹은 증축이 아닌 감축이라는 수법으로 재생되었다. 그중에서 주목할 만한 것은 철거된 부지에 저층의 가로형 주동 방식을 채용했다는 점이다(그림 5-12~5-14). 이것은 상당히 고급스러운 분위기를 자아내고 있었고, 앞서도 언급했듯이

그림 5-8 암스테르헨 단지의 가로
'본에르프'를 위한 '험프'가 보인다.

그림 5-9 암스테르헨 단지의 주동과 골목
저층고밀도이다. 골목의 너비는 90cm 정도인 곳도 있다.

그림 5-10 암스테르헨 단지의 주동과 중정
이곳도 전용 정원이 넓다.

그림 5-11 암스테르헨 단지의 중앙녹지

그림 5-12 벨마미아 단지의 저층주동
꽤 고급스러운 형태이고 전용 차고가 딸려 있다. 이곳은 굉장히 넓은 공지를 잘 활용하고 있다.

그림 5-13 벨마미아 단지의 저층주동

그림 5-14. 벨마미아 단지의 신축 부분
저층고밀도화 되고 있다.

아름다운 자연과 어울려 완전히 색다른 세계를 연출하고 있었다. 일본의 단지재생이 무턱대고 고층화를 지향해 왔다는 것과는 대조적이었고 저층 고밀도개발을 주장하는 저자로서는 납득이 가는 시책이었다. 네덜란드는 국토의 4분의 1이 해수면 이하인 나라이기 때문에 운하의 네트워크가 전역에 걸쳐 구축되어 있고 단지재생에서도 기존의 운하를 잘 활용하고 있다는 것이 인상적이었다. 또한 이 나라는 지구온난화에 따른 해면상승에 상당히 위기의식을 느끼고 있었고 탄산가스 배출을 억제하기 위해 자전거와 대중교통이용을 장려하며, 이러한 의미에서 지속가능한 도시계획이 국가의 운명을 좌우한다는 네덜란드의 의지를 느낄 수 있었다.[1][2]

5.2 전통 민가풍의 장방형주택으로 성공한 워터프론트 재생

보르네오-스플랜돌프 섬

1990년대 네덜란드 건축의 발전은 눈부실 정도이고 렘 쿨하스를 비롯한 위니 마스, 요 쿠넨 등 그 작품들은 세계에 널리 알려졌다. 그중에서도 그들이 직접 설계한 집합주택은 기발한 설계와 독창적인 구성으로 세계적으로 커다란 영향을 미쳤다. 특히 1980년대 말에 쿨하스가 설계한 '아이 플랜'은 평형배치로 설계하여 단조로움 속에서도 다양한 기법을 도입한 대단히 흥미로운 프로젝트다. 부지는 암스테르담 중앙역 뒤쪽 아이 강을

---

1) 湯川利和, 『まもりしやすい集合住宅―計畫とリニューアルの處方箋』(學芸出版社, 2001), pp. 145~170.
2) 角橋徹次·塩崎賢明, 「アムステルダムベルマミーア高層住宅団地の再生事業に關する研究―統合的アプローチによる持續可能なコミュニティーの建設」, ≪日本建築學會計畫系論文集≫, 第564号(2003), pp. 219~226.

그림 5-15 아이플랜의 전경
근대건축가의 다양한 배치계획도를 적용한 작품 중에서 평행배치안이 선정되었다(Hans Ibelings, The Artificial Landscape, p.14, NAI, 2000).

그림 5-16 아이플랜의 주동
건축적으로는 금속이 많이 이용되어 궁상스러운 인상을 준다.

무료인 페리를 이용하여 건너가는 곳에 있다. 암스테르담 역 동쪽의 아이 강변 일대는 항만시설을 로테르담에 집중적으로 배치한 결과 광대한 브라운필드가 형성되어 도시재생이 전개된 곳이다(그림 5-15, 5-16).[3]

아이플랜은 배치도에서 보면 가로수가 등간격으로 심어져 있거나 물결 형태의 보도가 설치되어 있어 흥미로웠지만 실제의 스케일감이나 완성도는 그다지 높지 않다는 인상을 받았다. 좀 더 밀도를 높여도 좋지 않았을까? 평행 배치된 주동 사이의 공간은 쓸쓸한 인상을 주었고 주동 그 자체의 교묘한 구성과 도시 구성의 조잡함과의 괴리에는 실망했다.

또 하나 우리가 주목하고 있던 것은 아이플랜의 반대편에 있는 예전 부두부지에 대한 프로젝트이다. 이곳에는 KNSM 섬, 보르네오 섬, 스프랜돌프 섬이라고 이름이 붙여진 부두부지가 있고 KNSM 섬은 설계대회에서 선정된 요 쿠넨이 마스터플랜을 만들고, 빌 아레츠와 쿠넨이 설계한 주동이 건설되었다(그림 5-17~5-19). 그러나 우리가 주목한 곳은 보르네오와 스

---

[3] 아이플랜에 대해서는 다음 문헌을 참조. Jacques Lucan, *OMA-Rem Koolhass*(Princeton Architectural Press, 1991)

그림 5-17 **KNSM 섬의 전경**
마스터플랜 설계: 요 쿠넨(Hans Ibelings, The Artificial Landscape, p.163)

그림 5-18 **KNSM 섬의 요 쿠넨동**
중정을 둘러싼 원형의 중층주택. 상징적으로 만들어 보기에는 좋지만 도시계획 차원에서는 별로 의미가 없다.

그림 5-19 **KNSM 섬의 한스 콜호프동**
꽤 응집적으로 만들었지만 역시 건축 작품으로서의 범위를 넘지 못하고 있다.

그림 5-20 **보르네오-스프랜돌프 섬의 전경**
보이드율 50%라는 교토의 전통민가와 유사한 구성을 읽을 수 있다(Hans Ibelings, 같은 책, p.229.)

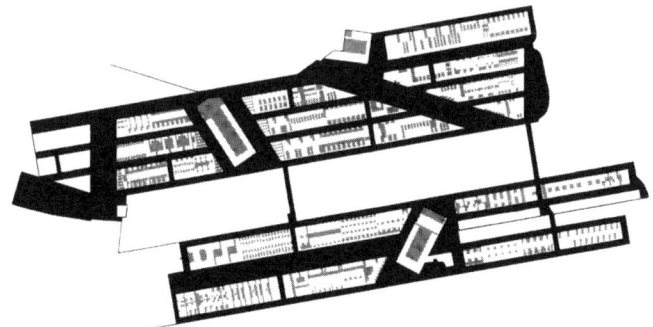

그림 5-21 **보르네오-스프랜돌프 섬의 배치도**
마스터플랜 설계: 애드리언 휴제(Hans Ibelings, 같은 책, p.229)

프랜돌프였는데 그 이유는 이쪽의 마스터플랜은 ha당 100가구라는 고밀도를 달성하면서도 저층 장방형주택으로 구성하고 있어 도시주택의 새로운 모델을 제공하고 있기 때문이었다(그림 5-20, 5-21).[4]

    마스터플랜은 경관 디자이너인 애드리언 휴제가 맡았다. 저자는 도쿄 간다(神田)에서 개최된 '도쿄 캐널시티 워크숍'에 그가 방일했을 때 대화를 나눌 수 있었고, 또한 로테르담 사무소에서 이 프로젝트에 대하여 상세하게 얘기를 나눌 수 있었다. 이 프로젝트는 원래 국유지였던 토지가 암스테르담 시에 불하되어 그 조건으로 일정 규모 이상의 집합주택을 공급하는 것을 내용으로 했다. 그러나 시에는 그럴만한 예산이 없었고 민간 협력을 얻기 위해 개발된 주택의 대부분을 분양주택으로 매각하기로 했다. 이 방식은 저자가 마쿠하리 신도심에서 경험했던 사업방식과 대단히 유사했다. 설계대회에서 선정된 휴제의 안은 저층으로 할 것, 1가구당 용적의 50%를 보이드(void)구조로 할 것 등을 골자로 하여 지극히 단조로운 개념이였다. 즉, 교토의 전통 민가처럼 중간에 천정이나 마루를 두지 않고 2층 이상의 높이로 짓고 중정을 설치하자는 것이다. 그는 일본을 좋아하여 수차례 방일했으며 이러한 힌트는 교토에서 얻었다고 말했다. 특히 가로에 접하는 1층에 최소한의 주차공간을 만드는 아이디어는 도쿄의 미니개발에서 배웠다고 한다. 어디까지가 정말인지 모르겠지만 저층고밀도 거주라는 전통적인 구성은 세계적으로 인정하는 어떤 장점이 있는 것 같다.

    휴제의 말에 따르면 고층동을 포함하는 KNSM 섬 개발은 판매가 뜻대로 되지 않았기 때문에 저층을 주장했던 그의 설계안이 채용되었다고 한다. 그 이유는 네덜란드인이 전통적으로 고밀도의 주거를 좋아하지 않기 때문이라 한다. 확실히 네덜란드는 세계적으로도 인구밀도가 높은 나라

---

4) 보르네오-스프랜돌프 섬에 대해서는 다음의 문헌을 참조. Adrian Heuze, *West 8*(Skira Editore, 2000).

이지만, 국토의 대부분은 평탄하고 농지도 광대하며 일부러 고밀도로 거주해야 할 이유는 없다. 이것은 콤팩트시티 정책에 대한 국민의 반감이 반영되고 있다고 생각되며 국론은 양분되어 있는 듯하다.

3층 내지는 4층의 운하변 주동은 디벨로퍼에 의해 판매주택으로 분양되었는데 설계자로는 MVRDV 등의 유명건축가가 참여했다. 볼 만한 가치가 있는 장방형 주택이었다. 도로와 접하는 부분은 복스컬버트형 표준공법[5])의 제약으로 6.5m로 계획되었지만 도중에 계획호수가 늘어났기 때문에 4.5m라는 좁은 주택도 생겼다. 각 주택은 운하로 접근이 가능하고 요트와 보트를 주택에 붙여 계류할 수 있기 때문에 도심부를 기준으로 강 건너편이라는 입지조건인데도 인기가 있어, 판매개시와 더불어 모두 팔렸다고 한다. 또한 주동의 1층 부분은 소호(SOHO)로 이용되는 경우가 많고 런던 밀레니엄 빌리지 사례에서도 알 수 있듯이 향후 도시주택의 방향에 힌트를 주기도 한다(그림 5-22~5-25).

저층을 중심으로 주동의 중앙부에 독특한 형태를 지닌 중층동이 있는데 이것은 단지구성에 변화를 주기 위해 도입된 것으로 특별하게 별도의 프로젝트가 있었던 것은 아니라고 했다. 휴제는 전체를 동일한 구성으로 통일하는 독재적인 이미지를 불식시키기 위해서라 한다. 각 주동의 설계자는 휴제가 준 건축가협회 명부 중에서 디벨로퍼가 자유롭게 선정했다 하고 지극히 단순한 원칙만 지켜진다면 나머지 것들은 마음대로 할 수 있는 디자인 규제체계는 뉴어버니즘과 어번빌리지와는 다른 미래지향적인 디자인을 유도하는 결과를 낳고 있다고 생각되었다(그림 5-26~5-28).

휴제의 사무실은 암스테르담에서 특급열차로 1시간 정도 남쪽에 있는 로테르담 부두에 있는 낡은 창고의 일부를 쓰고 있고, 세계적인 프로젝트

---

5) 'ㅁ'자형 단면의 상자형 블록으로서 콘크리트를 재료로 하여 공장에서 대량생산되며 이것을 겹겹이 쌓는 공법.

그림 5-22 **보르네오-스프랜돌프 섬의 운하에 접한 주동**
각각의 주택에서 직접 보트를 계류할 수 있는 것이 인기의 비결

그림 5-23 **주동의 육지부**
가로에서 개별 주택의 차고로 들어간다. 일본의 미니개발과 유사하지만 설계는 **MVRDV** 등 일류 건축가들이 담당

그림 5-24 가로에 접한 부분을 SOHO로 이용하고 있는 집이 많다.

그림 5-25 운하에 걸린 다리
휴제가 직접 설계.

그림 5-26 중앙의 이상한 형태를 한 중층주동의 하나는 드 아키테크틴 시가 설계

그림 5-27 위 주동의 중정

그림 5-28 상업시설과 업무시설도 병설되어 용도가 혼합되고 있다.

그림 5-29 휴제의 사무실
중앙이 휴제, 오른쪽이 저자

그림 5-30 피에트 브롬이 설계한 로테르담 시 영주택
주택 하나가 공개되고 있고, 내부에 들어가면 의외로 거주하기 좋은 느낌을 받는다. 주동의 내부를 전철이 통과한다.

를 추진하고 있다(그림 5-29). 로테르담도 다양한 선구적인 디자인 프로젝트가 여기저기 실현되고, 그중에서도 주사위를 비스듬히 세워 정렬한 듯한 시영주택은 주동의 내부를 노면전차가 통과할 수 있도록 대담하게 설계했고 그중 한 채의 주택을 공개하고 있었다(그림 5-30). 그러나 우리가 찾아간 날은 대중교통 관계자가 임금삭감에 반대하는 농성을 벌이는 바람에 시 전체가 교통마비 상태였다. 재정과 공공서비스 공급의 균형을 맞추기가 얼마나 어려운지를 체감할 수 있었다.

5.3 문화를 통한 도시 활성화

프랑크푸르트

암스테르담에서 ICE라는 특급열차를 타면, 겨우 4시간 만에 독일 최대의 금융도시 프랑크푸르트에 도착한다. 이 노선은 최근 일부구간을 고속용으로 다시 깔고, 재래선과 공용하면서도 일본의 신칸센 수준의 속도로 주행하며 대단히 편리하다. EU에서는 이렇게 각 도시가 긴밀하게 연결되어 통화도 통합되었기 때문에, 각국의 도시는 지금까지 국내에서의 경쟁에서 국제적인 경쟁에 노출되어 도시의 생존을 위한 다양한 시책으로 경쟁하는 결과를 낳고 있다.

프랑크푸르트는 말할 나위 없이 국제 재벌인 로스차일드가의 발상지이고 국제통화 유로의 발행처인 유럽중앙은행의 소재지이며 시내에는 금융기관이 500여 개나 존재하는 금융도시이다. 이 때문에 이 도시에는 다른 도시와는 달리 고층빌딩이 즐비하며 마치 미국 대도시와 같은 양상을 띠고 있다. 현재의 전통적인 거리에 초고층빌딩이 서있는 모습은 마치 1920년대에 미스 환 델 로에가 설계한 베를린 초고층계획이 실현된 듯한 느낌

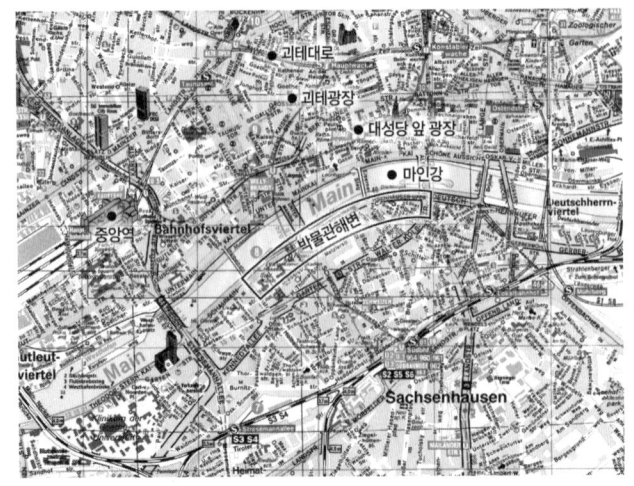

그림 5-31 **프랑크푸르트의 지도**
구 성벽 부지는 녹지대가 설치되었고 그곳에 인접하여 고층빌딩이 세워졌다. 마인 강 남쪽이 '박물관해변'. 북쪽이 중심시가지이다.

그림 5-32 **강 건너에서 본 프랑크푸르트 도심부**
고층빌딩이 즐비하여 유럽적인 이미지가 아니다. 도심부에 고층이라는 점은 이상하게 여겨졌고 다른 도시에서는 오히려 교외에 고층빌딩이 세워진다.

을 주며 근대 건축가들에게는 멋진 경관일지 모르지만 일반인에게는 인기가 없고 이 도시는 별명 '클랭크푸르트(병든 도시)'라고 불리고 있다. 역사유산이 없는 것은 아니지만 구시가지의 중심에는 대성당도 있고 몇 개의 역사적인 건축물로 광장을 에워싸고 있지만 박력이 좀 부족한 듯했다(그림 5-31~5-34).

그렇지만 '머릿속에 돈 벌 궁리밖에 없는 도시'라는 악평에 눈을 뜬 어

그림 5-33 프랑크푸르트 도심의 대성당 앞 광장 유일하게 역사를 느낄 수 있는 일각이다.

그림 5-34 광장에서 이어지는 보행자전용 프롬나드

그림 5-35 도심부와 박물관해변을 잇는 보행자전용 다리
대단히 활기 있었다.

그림 5-36 리처드 마이어가 설계한 건축박물관

그림 5-37 박물관해변
마인 강을 따라 프롬나드가 있다.

느 행정담당자가 주목한 곳은 구시가지에서 마인 강을 끼고 강 건너편에 있는 지구였다. 이 지구는 버려진 지구여서 범죄발생률도 높았고 사람들이 가까이 가는 것을 주저하는 곳이었지만 1984년에 독일 영화박물관이 오픈하고 난 후에는 박물관, 미술관 등의 문화시설이 13개소나 연달아 입지하게 되어 현재는 '박물관 강변'이라 불리는 문화지구로서 널리 알려지게 되었다(그림 5-35~5-37).[6] 그중에는 미국인 리처드 마이어가 설계대회에서 입상한 독일건축박물관도 있다. 덧붙인다면 마이어의 조부는 프랑크푸르트 태생의 유대인이었다. 이곳에서 구시가지에는 보행자전용의 새로운 다리가 생겨, 견본시장과 국제회의가 끊임없이 개최되고 있고 호텔 요금이 비싼 것으로 유명한 도시지만 그래도 사람들을 매료하는 문화의 힘이 있었다. 이러한 공적은 당시의 문화국장인 히르머 호프만 씨에게로 돌아간다. 이 사례에서 얻을 수 있는 교훈은 문화라는 것은 많은 사람들로부터 지지를 받고 인구가 65만 명밖에 안 되는 도시도 세계로 향하여 정보를 발신함으로써 얻을 수 있는 효과는 엄청나게 크다는 것이다.

한편 프랑크푸르트에서도 환경적인 측면을 고려한 대중교통 정비가 활발하게 전개되어 빌딩옥상의 녹화 등도 이루어지고 있다. 도심에서 가장 활기 있는 괴테 광장 주변은 보행자공간으로 이용되며 먹을거리 가판대 등이 늘어서 즐거운 분위기를 조성하고 있다(그림 5-38). 또한 이 도시에서 최고의 패션거리인 괴테대로는 차도를 끼고 수목을 심어 몰을 형성하고 있고 온갖 수단을 동원하여 도시의 매력을 제고하고자 노력하고 있었다(그림 5-39). 그러나 방문조사를 위해 일본정책도시은행 수석주재원 스기야마타쿠(杉山卓) 씨를 만났더니 그는 투기자금으로 건설된 고층빌딩은 공실이 많고, 버블로 지가가 급등하여 임대료도 따라서 올라 소리 없이 다가오는 파국의 그림자에 걱정이 끊이지 않는다는 고민을 털어놓았다.

---

6) 春日井道彦, 『人と街を大切にするドイツのまちづくり』, pp. 27~42.

그림 5-38 괴테 광장 일원
지하철로 트랜짓몰이 형성되어 있고 가판대로 활기가 넘친다.

그림 5-39 세계적인 브랜드숍이 늘어선 괴테대로
차도를 끼고 일방통행을 지정하는 것은 세계의 공통 언어이다.

5.4 도심에 대형점을 유치

다름슈타트

프랑크푸르트에서 전철로 30분 정도의 거리에 있는 인구 14만 명의 소도시 다름슈타트는 우량기업이 다수 입지하고 있으며 그 유명한 다름슈타트 공과대학이 있는 부유한 도시다. 또한 이 도시는 이 지방의 영주였던 다름슈타트 대공의 결혼을 기념하여 20세기 초두에 유겐트슈틸[7]의 대가 요셉 마리아 올프리히가 건설한 '마치루데 동산'이라 불리는 건물군으로 잘 알려진 곳이다. 그러나 다른 많은 도시처럼 중심시가지의 공동화가 중요한 과제가 되고 있고 특히 교외에 전국 체인인 쇼핑센터가 입지할 계획이 알려졌을 때는 시민들 사이에 의견이 분출했다. 그 결과 선정된 시책은 반대로 그 시설을 시내 중심에 유치하자는 과감한 방법이었다. 그 경위에 대하여 이 시에서 도시계획사무소에 오랫동안 주재하고 있는 가스가이 미치히코(春日井道彦) 씨에게 직접 들어보기로 하여 우리는 해당 시설이

---

7) 오스트리아를 포함한 독일 권에서 유행한 19세기 미술양식

그림 5-40
다름슈타트의 도심부
서쪽에 중앙역. 동쪽에
마치루데 언덕이 있다..

건설되는 도시 중심 루이젠 광장에서 만나기로 했다. 이곳은 철도역에서 약 1km 정도 떨어져 있지만 버스와 노면전차로 연결되어 있다. 중심시가지는 다른 도시처럼 트랜짓몰이 형성되어 버스와 노면전차만이 주행하고 있다. 가스가이 씨의 안내로 현장을 둘러보았다. 사건의 주인공이었던 쇼핑센터는 '루이젠 센터'라 불리고 있었고 지상부는 '칼슈타트'라는 대형 상업시설의 점포 및 지역상가가 들어선 몰이고 상층부에는 시청 등의 기능이 도입되었다. 이것을 건설하는 과정에서 지금까지 광장에서 교차하고 있던 차도를 지하화하여 쇼핑센터의 지하에 860대를 수용할 수 있는 대규모 주차장을 건설함으로써 지상부의 트랜짓몰 형성이 가능하게 되었던 것이다(그림 5-40~5-43).[8]

그로부터 20년이 경과하여 카레지구로 불리는 인접지역에 있던 시영 전력회사의 벽돌조 건물을 수복하여 식료품 및 시민홀로 정비하고, 동시에 기존 건물과 함께 에워싸는 광장을 조성했다. 이 공간은 여름에는 노천카페와

---

8) 春日井道彦, 『人と街を大切にするドイツのまちづくり』, pp. 9~26.

이벤트광장으로 이용되고 겨울에는 스케이트링크로 활용되는 등 시민에게 많은 사랑을 받고 있다. 이곳이 완성된 것은 1999년이고 마지막으로 남아있는 지구의 재생계획이 현재 논의되고 있다고 한다(그림 5-44~5-46).

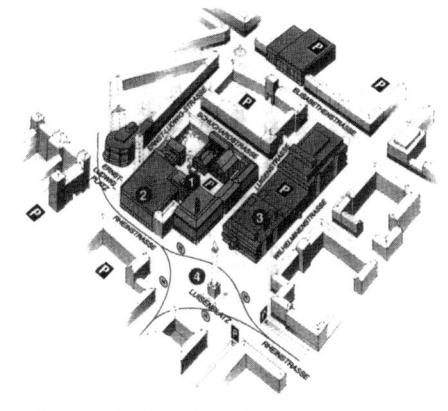

그림 5-41 루이젠 센터 배치도
가스가이 씨 자료 제공.

다름슈타트뿐만 아니라 유럽의 소도시에서는 평일에도 많은 사람들이 시내를 거닐고 있는 경우가 많다. 이것은 평일에 휴가를 내는 관습이 있다는 것과 다름슈타트와 같은 대학도시에서는 학생 수가 도시 인구의 10%를 차지하여 도시에 활기를 불어넣고 있다는 점은 무시할 수 없다. 우리는 카레지구 뒤편에서 노천시장이 열리고 있는 광장의 한모퉁이에 있는 구시청사 '라트하우스'의 노천카페에서 점심식사를 함께 했다(그림 5-47). 가스가이 씨에 따르면 독일 각지에 있는 라트하우스는 예전에는 결혼식장 등으로 사용되어 왔

그림 5-42 다름슈타트 대공의 동상이 있는 루이젠 광장
트랜짓몰이 되어 노면전차와 버스만이 주행하고 있다.

그림 5-43 루이젠 광장에서 본 루이젠 센터
저층은 슈퍼마켓, 상층은 시청의 일부가 입주하고 있다.

제5장 EU의 도시 탐방 **135**

그림 5-44 카레지구의 광장
뒤쪽 건물이 구 전력회사 건물

그림 5-45 카레 광장에서 본 루이젠 센터
건축적으로는 볼 만한 게 없다.

그림 5-46 다음 재생계획이 검토되고 있는 지구
주유소 등이 있다.

그림 5-47 구 시청사 '라트하우스'
중앙이 가스가이 씨, 왼쪽은 저자.

으며, 현재는 시원한 하우스 맥주를 판매하는 비어홀로 쓰이는 경우가 많다고 한다. 이 식당에서 요리한 독일 특유의 양상추 소금 절임인 자와크라우트는 소금 맛이 절묘하여 가스가이 씨도 대단히 좋아했다.

　독일에서의 도시계획은 구동독 지역에 집중적으로 전개되어 서독 지역에는 예산이 배분되지 않는다고 설명해 주었다. 독일이 통합됨에 따라 국민은 그 부담을 위해 특별세를 지불해 왔지만 이번에는 동유럽 국가들이 EU에 가입함으로써 선진국들의 부담은 더욱 늘어나 국민들의 부담 또한 증가할 것으로 보인다. 덧붙이자면 가스가이 씨의 아들은 아헨 대학에서 건축을 공부하고 있고, 국내에서의 취직은 매우 어렵다고 한다. 한편 이 광장을 에워싸고 있는 건물은 모두가 신축된 것처럼 아름다워 그 이유를 물었더니 독일인은 대단히 건물을 소중하게 여겨 유지관리를 철저히 한다고 한다. 일본 지방도시의 활기 없는 거리 분위기와 비교하니 한숨이 절로 나왔다.

한편 지하도와 지하주차장은 건설기간과 공사비를 감안한다면 도저히 현실적으로 실현하기 어렵기 때문에 일반적으로 도시 주변에 주차장을 설치하여 대중교통기관으로 도시를 연결하는 파크앤라이드 시스템을 채용하는 사례가 많다. 그럴 경우 대형 가구 등의 전문품 등은 도시 중심부에서는 팔리지 않게 되고, 이럴 경우 업종의 분산도 계획의 검토항목에 포함시켜야 한다. 가구 판매로 세계적인 체인이 된 '이케아'의 진출을 둘러싼 논쟁 등에 대해서는 후쿠시마(福島) 대학의 아베조지(阿部成治) 교수의 저서에 상세히 정리되어 있다.9)

그림 5-48 마치루데 언덕
대공의 성혼기념탑은 르프리히가 설계했고 5개의 손가락을 표현하고 있다.

그림 5-49 마치루데 언덕에서 본 다름슈타트 시가지 전망

마치루데의 언덕은 도심부의 동쪽에 있는 다름슈타트 공과대학의 뒤편

---

9) 阿部成治, 『大型店とドイツのまちづくり―中心市街地活性化と廣域調整』(學芸出版社, 2001).

제5장 EU의 도시 탐방 **137**

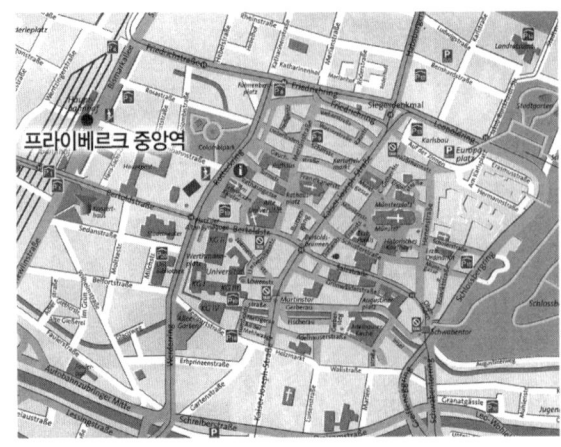

그림 5-50
프라이베르크의 구시가지 서쪽에 중앙역이 있다.

에 있고 요셉 마리아 올프리히의 마스터플랜으로 유겐트슈틸의 건축가들의 작품이 전시되어 있어 볼 만한 가치가 있는 야외박물관이다(그림 5-48, 5-49).

5.5 환경수도 '카프리' 단지

프라이베르크

프라이베르크는 독일 남서부와 스위스의 바젤에서 1시간 거리에 위치한 역사도시다. 그러나 이것보다도 일본에서는 독일의 '환경수도'로 유명하고 지자체 관계자의 견학이 끊이지 않고 있다. 원자력발전소 건설에 반대하여 당선된 시장은 전력 소비량을 줄이기 위해 모든 수단을 동원하여 다양한 정책을 추진하고 있다. 그러나 널리 알려진 그러한 얘기는 그만 두고 교외에 건설 중인 두개의 단지에 대하여 다루도록 하겠다.

프라이베르크는 인구 20만의 중도시이나 다름슈타트처럼 유명한 대학이 입지하고 있고 그 학생들이 도시에 활기를 불어넣고 있다. 도시 중심은 예상한 대로 트랜짓몰로 변하여 LRT와 버스만이 운행한다. 철도 중앙역 빌딩은 최근 건설되어 고층부분의 외벽 한 면을 태양전지로 하는 등 환경도시로서의 입구를 연출하고 있다. 철도와 입체 교차하는 다리 위에는 LRT 터미널이 있고, 또한 지상부에는 각 방면으로의 버스 터미널도 있어 교통 결절점으로서 상당히 편리하도록 정비됐다(그림 5-50~5-52). 도시 중심부까지는 1km 정도로 중심부에는 유명한 첨탑이 있는 대성당이 있다. 이 건물에 사용된 석재는 붉은 모래바위로서 라인 강을 두고 건너편에 있는 스트라우스블루 대성당에도 같은 돌이 사용되었다. 이 도시는 유명한 산림지대인 슈바르츠바르트의 변두리에 위치하고, 물이 풍부하며, 그 물은 시내 각지의 도로변을 따라 흐르는 시냇물이기도 하다. 뒷산은 공원이고 케이블카로 올라갈 수 있으며 그곳에서 전망하면 라인 강 너머로 프랑스의 산등성이가 보인다(그림 5-53, 5-54).

그림 5-51 **프라이베르크의 중앙역**
호텔이 있고 그 외벽에는 태양열판이 설치되어 있다.

그림 5-52 **프라이베르크 중앙역의 LRT터미널**
이곳은 시내로 접근할 수 있는 결절점이다. 밑은 철도이고 위는 LRT이다.

대성당 위에서 도시를 내려다보며 60년 전에 이 성당만을 남기고 모든 것이 잿더미가 되어버린 도시가 마치 중세부터 있던 원래 그 모습대로 복원되었다는 것에 놀라움을 금치 못했다(그림 5-55, 5-56). 입체주차장과 현

그림 5-53 **프라이베르크의 구시가지**
LRT가 성문을 지나고 있다. 옆에는 깊이 5㎝ 정도의 수로가 있다. 도로의 모자이크 모양은 점포의 영업공간을 나타낸다.

그림 5-54 **뒷산에서 구시가지를 가로질러 라인 강 방면을 전망**
가로에서 개별 주택의 차고로 들어간다. 일본의 미니개발과 유사하지만 설계는 MVRDV 등 일류 건축가들이 담당했다.

대적인 오피스빌딩도 전부 동일한 경사의 지붕으로 덮여 있고, 통일된 경관을 연출하고 있었다. 이러한 연출을 강제하고 있는 것이 'B플랜'이라 불리는 법제도라는 것은 이미 설명했다. 이것은 현재 일본에서는 경관법이 막 제정되어 다양한 논의를 거치는 과정에서 반드시 직면하게 될 문제일 것이다. 그러나 프라이베르크에서도 이러한 경관 요소는 극히 한정적이고 다른 지역에서는 상당히 양질의 현대적인 건물이 지어지고 있다.

그림 5-55 대성당에서 내려다본 구시가지
오피스빌딩과 입체주차장에도 지붕이 있다.

한편 이 도시의 교외에는 두개의 단지가 건설되고 있다. 하나는 프랑스 점령군 기지의 이전적지로 '호보단지'라 불린다. 면적은 42ha 정도로 평탄하지만 한 언저

그림 5-56 대성당

리에는 소하천이 흐르고 주위에는 포도농장이 펼쳐지는 목가적인 곳이다. 현재 LRT 노선이 공사 중이고 이것이 완성되면 시내에서 단지내부까지 자동차를 이용하지 않고도 접근할 수 있게 된다. 최종 인구는 5,000명 2,000가구로 2006년에 완성할 것을 목표로 한다. 이곳은 우리의 시각에서 본다면 교외단지에 지나지 않지만 당사자들은 이것을 브라운필드의 재생계획으로 생각하고 있었다(그림 5-57, 5-58).

1991년 연방정부로부터 토지를 불하받은 프라이베르크 시는 1993년에

▲ 그림 5-57 호보 단지의 배치도
'가로형' 배치이다(Markus Loeffelhardt, 주 11의 문헌, p.13).

◀ 그림 5-58 호보 단지의 중앙대로
LRT가 공사 중이었다.

이 단지 설계를 결정하여 마스터플랜을 작성했다. 그 이듬해에는 시민들이 '포럼 호보협회'라는 NGO를 결성했고 다양한 의견을 제시하거나 건설 활동에도 실질적으로 참가했다. 이곳에서는 건설하기에 앞서 프라이베르크 시, 주정부, 연방정부, EU 등으로부터의 기금을 모아 그 다음 단계에서 디벨로퍼가 개발·분양하는 프로세스를 거쳐 최종적으로 사업타당성을 검토하는 체계가 형성되어 있다. 즉, 보조금은 반환되기 때문에 행정부담은 거의 없다.10) 그러나 유감스럽게도 이 협회는 2004년 말 EC와의 관

---

10) 春日井道彦, 『人と街を大切にするドイツのまちづくり』, p.81~97.

그림 5-59 태양전지를 옥상에 설치한 입체주차장
외장은 목제이다.

그림 5-60 주동의 하나
3층의 공동주택인데도 목조이다. 콘크리트 블록과 병행하는 경우가 많다.

그림 5-61 중앙대로에 접한 주동의 1층에는 필로티가 설치되었다.

그림 5-62 태양열판을 지붕에 설치한 주동의 일각

계로 도산하고 말았다.[11]

이 마스터플랜을 보면 영국의 홈 및 밀레니엄 빌리지와 유사한 구성을 하고 있는 것을 알 수 있다. 즉, 종래의 단지처럼 '슈퍼블록형'이 아닌 가로에 붙여 건물을 짓는 '가로형'으로 설계했다. 또한 고층인 것은 없고 겨우 4층 정도이다. 다만 이 단지에서는 자동차 사용을 대폭 줄이기 위해 '자동차 함께 타기(car sharing)'와 '차 없는 생활(carless life)'을 추진하고 있고, 도로는 어린이들에게 중요한 놀이터로 간주되고 있다. 차 없는 커뮤니티(carless community)는 1990년 초기 브레멘에서 시도했다가 실패했고 여기서는 엄

---

11) Markus Loefflhardt, *Architekutur in Freiburg*(Modo, 2004).

그림 5-63 목조의 유치원

그림 5-64 슈퍼마켓 뒤편의 학교

그림 5-65 단지 서쪽의 소하천에 걸려 있는 다리

밀한 의미에서의 차 없는 커뮤니티가 아닌 자가용차의 다양한 소유형태를 주민이 선택할 수 있도록 하여 자연스럽게 자동차가 많지 않은 도시를 만들 수 있었다. 자동차는 단지 입구에 있는 태양열 판이 설치된 입체주차장에 세우도록 되어 있고, 어떻게 해서든 집 가까이에 차를 세우고자 하는 사람은 차도에 접한 차고 달린 주택을 구입하면 된다. 또한 자가용차가 없는 사람들에게는 분양가격 할인 혜택을 제공하여 당초 분양물량 300가구 중 120가구가 할인혜택을 받아 입주했다(그림 5-59).

이 단지 내 대다수 건물은 남향 개구부를 크게 했고, 또한 나뭇조각과 천연가스 등을 연료로 이용하는 '코제네시스템(co-gene system)'을 도입하거나 오수를 비료화하는 등 다양한 친환경적인 방법을 시행함으로써 에너지 소비를 일반 주택과 비교하여 약 60%까지 줄이고 있었다(그림 5-60~5-62).

이 도시에 찾아왔을 때 육아에 매우 적합한 도시라는 인상을 받았다. 앞서 이야기한 바와 같이 단지 내에 자동차가 적어 어린이들은 거리에서 자유롭게 뛰어놀 수 있고, 단지 옆에 흐르는 소하천 너머로 승마를 할 수 있는 목장도 있으며, 숲속에서는 어린이들이 나무타기를 하거나 모험을 즐길 수 있다. 슈퍼마켓과 이웃해서 주간보호센터와 학교도 있고, 도로에는 퀴리 부인과 아인슈타인, 그로피우스 등의 이름을 붙여 그 이름을 기억할 수 있게 하는 등 시민 스스로가 자신들의 도시를 아름답게 만들고자 하는 의욕을 실감할 수 있었다(그림 5-63~5-65).

환경도시 프라이베르크의 또 하나의 환경공생단지가 하수처리시설의 이전적지에 건설 중인 '리젤훼르트 단지'이다. 이곳은 이미 LRT가 개통되었으나 승객이 많지 않기 때문에 적자를 각오하고 있다지만 주민에게 가급적이면 차 없는 생활을 선택할 수 있도록 여건을 마련해 주고 있다고 한다. 이 단지에서는 입체주차장, 유치원, 초·중·고등학교 커뮤니티센터, 교회 등의 시설이 우수한 설계로 건축되어 호보 단지보다 건축적인 수준이 높게 보였지만 환경공생이라는 개념에서는 한발 양보한 듯했다(그림 5-66~ 5-69).[12]

---

[12] 호보 단지에 대해서는 다음 홈페이지를 참조: http://www.forum-vauban.de

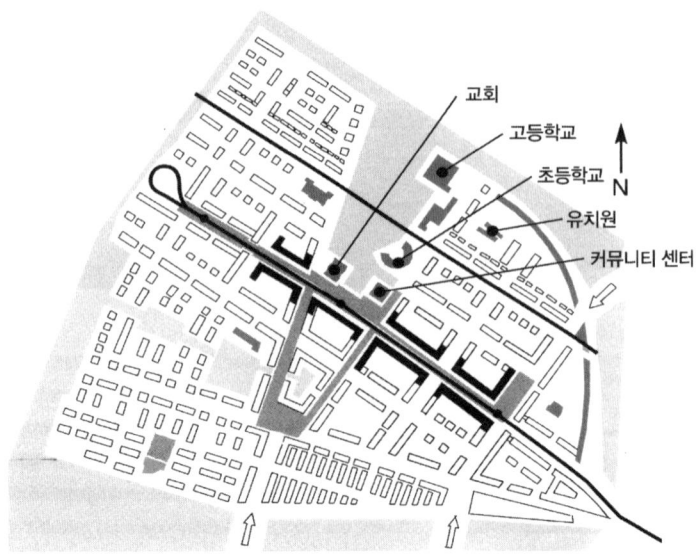

그림 5-66 리젤훼르트 단지의 배치도
단지 중앙을 LRT가 주행한다(Markus Loeffelhardt, *Architekutur in Freiburg*, p.27).

그림 5-67 리젤훼르트 단지의 중앙대로
LRT는 완성되었지만 주위에는 아직도 건설 중인 건물이 있다.

그림 5-68. 리젤훼르트 단지의 커뮤니티센터
우수한 설계이지만 아직 이용이 많지 않다.

그림 5-69 성벽 형태의 주택
저층이기 때문에 압박감이 없다. 주차장은 지하에 설치되어 있다. 중정에는 비오톱을 만들어 환경공생에 대한 의지를 느낄 수 있다.

그림 5-70. 카를스루에의 도심부
교통망이 표시되어 있다. 서쪽(아래쪽)에 중앙역. 종횡무진 활약하는 LRT가 주행한다. 굵은 선은 듀얼모드 노선.

5.6 대중교통체계를 완비한 바로크 도시

카를스루에

카를스루에는 프랑크푸르트와 프라이베르크의 중간에 위치한 인구 18만 명의 도시로, 이 도시에도 유명한 공과대학이 있고, 비교적 활기가 있다. 근교에는 온천지로 유명한 바덴바덴이 있고 교외 온천으로 가는 철도는 오래전부터 운행되고 있다. 또한 이 도시에는 연방재판소가 있어 독일에서는 사법 중심지로도 널리 알려져 있다. 그러나 이 도시의 최대 특징은 완벽할 정도로 정비된 대중교통체계다.

독일에서도 전후 자동차교통이 도시를 점거하게 되면서 노면전차는 차례차례 폐지되었다. 이러한 상황에서 카를스루에에서는 노면전차를 폐지하지 않고 또한 교외로 운행되고 있던 사철노선과 국철노선도 통합하여 30km권역을 네트워크화하여 정비했다. 그때 원래 저속으로 주행하고 있던 노면전차와 고속으로 주행하고 있던 교외 전차를 하나의 궤도로 주행

그림 5-71 카를스루에 중앙역 앞의 LRT터미널

하게 하는 '듀얼모드'를 채택한 것은 세계적으로 처음 시도하는 것이었다. 이 시도는 1957년에서 시작되었지만 그 사이 궤도의 통일, 전력공급방식의 차이 등 기술적인 문제가 해결되어 1992년부터 현재의 시스템이 가동되고 있다. 또한 이용자의 불만이 많았던 요금체계도 통합되어 현재는 세계에서 가장 발달된 대중교통체계의 하나로서 연간 1억 5,000만 명의 승객을 나르고 있다. 이를 '카를스루에 모델'이라고 부른다. 이것에 대한 관리주체는 'KVV(카를스루에교통연맹)'이라는 관련 지자체가 구성한 연합체이며, 운행을 실제 담당하고 있는 것은 민간회사이다(그림 5-70).[13]

중앙역을 나오면 각 방면으로 가는 LRT가 끊임없이 들어온다. 티켓은 가족 할인 등의 할인제도가 있고 자동판매기에서 구입하려면 사전 지식이 없으면 처음에는 당황하게 된다. 그러나 익숙해지면 대단히 편리하고 저렴하다(그림 5-71). 개찰구가 없기 때문에 티켓을 구매하지 않아도 괜찮다고 생각하는 사람이 있을지 모르겠지만, 무작위로 검표하는 제도가 있기 때문에 위반자는 거액의 벌금을 물어야 한다. 그러나 개찰구가 없기 때

---

13) 카를스루에에 대해서는 각종 참고문헌이 있지만 최근 현지에 주재하는 마쓰다 마사히로(松田雅央)씨가 다음 책을 출판했다. 松田雅央, 『環境先進國ドイツの今—トルムの街カールスルーエから』(學芸出版社, 2004).

그림 5-72 마르크트 광장

문에 이에 따른 인건비 절약과 운행시간의 단축효과로 현재는 EU의 많은 국가에서도 이 방식을 도입하고 있다. 도시 중심은 중앙역에서 20km 정도 떨어져 있고 마르크트 광장이라 불린다(그림 5-72). 이 도시는 원래 영주인 칼 대공의 성을 중심으로 방사형태로 가로가 배치된 봐인브레느가 설계한 바로크 도시이다. 마르크트 광장은 그의 설계이고 18세기말 신고전주의 양식을 반영하여 중심에는 피라미드형 상징물이 설치되었고 그리스 신전풍의 건물이 주위를 둘러싼 기묘한 공간이다. 그 내부를 최신형 LRT가 운행되고 있다는 점은 매우 대조적인 풍경이다. 마르크트 광장과 성 사이를 연결하고 있는 것은 이 도시의 메인스트리트인 카이저대로이다. 이 대로 일대는 트랜짓몰을 형성하며 아름다운 가로수와 더불어 사람과 전차가 함께 분주하게 움직이면서 일종의 활기를 연출하고 있다. 카이저대로를 따라 구 중앙우체국 건물이 있고, 지금은 쇼핑센터로 개장되었다. 이것은 암스테르담에서도 경험한 사례이고 우체국 민영화에 따른 현상이라 추측된다. 그 점 역시 흥미롭다(그림 5-73~5-76).

카를스루에는 중앙역이 나무로 울창한 동물원에 접하고 있다는 점에서도 알 수 있듯이 환경도시이다. 여기에는 국제 회의장도 있는데, 특히 최근에 오픈한 현대의 바우하우스라고 할 ZKM(예술미디어센터)은 컨벤션센터

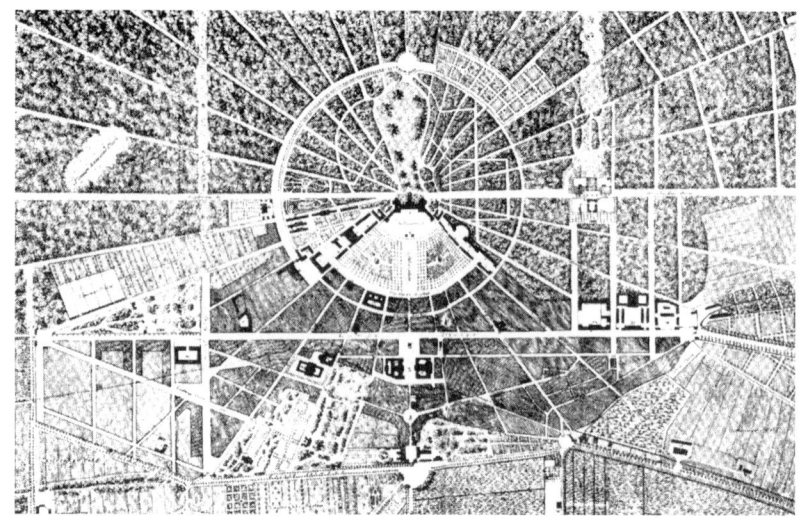

그림 5-73 봐인브레느의 카를스루에 마스터플랜
(Helen Rosenau, The Ideal City, p.110, Studio Vista, 1974.)

그림 5-74 왕궁

그림 5-75 왕궁 앞 아케이드

그림 5-76 카이저대로의 트랜짓몰
지하철화 할 계획이다.

그림 5-77 ZKM(예술미디어센터)
구 병기고를 개축했다.

그림 5-78 ZKM의 다목적홀
사인 조명이 설치되어 있다.

그림 5-79 구가스공장의 가구
B플랜으로 건축높이가 정돈되어 있다.

그림 5-80 구가스공장 부지의 중정
녹지가 풍부한 공간은 다목적으로 이용되고 있다.

그림 5-81 슈투트가르트의 파사주

그림 5-82 슈투트가르트의 도심부
낮은 지형을 잘 이용하고 있다. 유리벽의 건물은 아트센터. 전시실은 지하의 구 철도터널을 이용하고 있다.

그림 5-83 변화를 준 몰의 공간 구성

그림 5-84 파사주

그림 5-85 봐이센호프지트룽그의 배치도
(Juergen Joedicke, Weissenhofsiedlung Stuttgart, Karl Kraemer, 2000.)

그림 5-86 미스가 설계한 주동

그림 5-87 르 코르뷔제 설계의 주동
수복 공사 중이었다.

로서는 세계 최대의 시설로, 컨벤션 시티로서의 카를스루에를 돋보이게 하는 건물이다(그림 5-77, 5-78).

마지막으로 카이저대로 근처의 가스공장 부지를 B플랜으로 정비한 지구를 시찰했는데 가로변은 건축높이가 잘 맞추어져 잘 정돈된 거리분위기를 조성하고 있었으며 내부에는 수목이 울창한 녹지가 펼쳐지고 있어 도시 전체를 녹지 네트워크로 연결하고자 하는 시의 의지를 엿볼 수 있었다(그림 5-79, 5-80)

카를스루에에서 로컬선으로 1시간 정도 슈바르츠바르트의 깊숙이 들어간 곳에 벤츠와 포르쉐의 본사가 있는 슈투트가르트가 있다. 이곳은 인구 60만 명의 대도시이지만 도시 양쪽에 언덕이 있는 지형으로, 대기오염이 심각하고 이에 대응하기 위해 '바람길 계획'과 '녹지네트워크계획'을 중심으로 도시를 재생하고 있는 것으로 알려져 있다. 중앙역 일대는 지상에 있던 철도를 지하로 옮기고, 그곳을 트랜짓몰로 개조했고, 그 연장도 1km를 넘는 장대한 것으로 성장하고 있다(그림 5-81~5-83). 또한 이 도시에는 '파사주'라 불리는 아케이드거리가 여기저기에 있는데 쇼핑몰로서 굉장히 활기가 넘치고 있었다. 일본, 특히 서일본에도 아케이드를 흔히 볼 수 있지만 폭이 너무 크거나, 조잡하게 만들어지는 등 오히려 초라한 인상을 주는 사례가 많은데 이곳은 폭이 좁고 마치 실내와 같은 화려한 인상을 준다(그림 5-84).

슈투트가르트는 공업뿐만 아니라 대학과 음악, 발레 등에서도 세계적인 명성을 얻고 있으며, 많은 사람들이 각지에서 방문하고 있다. 여기서 빼놓을 수 없는 것은 교외의 국제회의장에 인접한 바이젠호프 지구에 있는 역사유산 '바이젠호프 지트룽그'이다. 여기는 1929년에 근대건축의 거장 미스 환 델 로에가 마스터플랜을 만들고 르 코르뷔제와 오우트 등 당시 정예의 건축가들이 각지에서 모여들어 근대건축을 실물로 표현하여 세계에 알린 주택단지이다. 이곳에서 발신된 근대건축의 움직임이 20세기 도시의 영광과 좌절을 초래했다는 것을 생각하게 하며 이렇게 조망이 좋은 단지에서 아래의 시가지를 내려다 볼 때 왠지 모르게 깊은 감개에 빠져들었다(그림 5-85~5-87).

5.7 LRT도입의 모델 도시

스트라스부르

스트라스부르는 카를스루에에서 라인 강을 건너간 곳에 있는 도시권 인구 45만 명의 프랑스 도시이지만 역사적으로는 독일에 귀속된 경우가 많아서 주민은 알자스어라는 독일어 방언으로 말한다. 이 도시는 강 건너

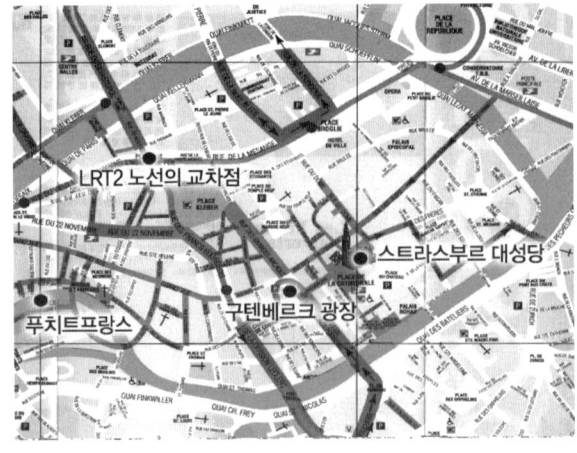

그림 5-88
스트라스부르의 구시가지
섬이다. 남서부에 푸치트프랑
스 지구, 섬 중앙에 대성당이
있다. 중앙역은 북쪽에 있다.

편 프라이베르크처럼 높이 142m의 첨탑이 꽂힌 대성당으로 유명하고 정원 3만 명인 대학이 있는 것으로 널리 알려져 있다. 또한 EU회의 소재지이기도 하다. 독일과 프랑스라는 EU의 중핵국가가 역사를 공유하고 있는 곳이라는 이유에서 이곳이 선정되었다. 또한 알자스는 요리의 독특한 맛으로도 유명하여 우리도 그 일부를 즐기기 위해 포아그라 파티를 만끽했다(그림 5-88~5-90).

그러나 뭐니 뭐니 해도 이 도시를 유명하게 한 것은 LRT로서 일본에서도 도시재생을 목표로 하는 지자체 관계자의 방문이 끊이지 않는다. 1989년의 시장선거에서는 VAL이라는 신교통시스템을 지지하는 우파와 LRT를 지지하는 좌파의 후보 트롯트맨 여사의 일화는 유명하지만, 결국 비용 대비 효과라는 측면에서는 LRT가 정답이었을 것으로 생각한다. 프랑스에서는 1982년 제정된 '교통기본법'에 따라 국민의 이동자유를 보장하도록 하는 의무가 지자체에게 주어졌다. 이러한 상황에서 지자체는 자가용차를 대신하는 대중교통체계를 정비해야만 했다. 이렇게 프랑스에서는 1985년에 낭트에 최초의 LRT가 도입되었고 그 후 그루노불루, 파리, 르앙, 스트라스부르, 몽펠리에, 올레앙, 리옹에 각각 도입되었다.[14]

그림 5-89 대성당에서 바라본 스트라스부르 시가지   그림 5-90. 스트라스부르 대성당

세계 최초의 LRT는 1978년에 캐나다의 에드먼턴에 도입되었고 그 후 20세기 동안 23개국, 55도시에 보급되었다. 21세기에 들어서 그 숫자는 비약적으로 증가하고 있다.

스트라스부르 시 자체 인구는 26만 4,000명이지만 이 도시에 일상적으로 방문하는 사람들이 거주하는 도시권 전체를 대상으로 교통체계를 재정비했다. 우리가 찾아간 2004년 가을 스트라스부르 중앙역과 도시의 중심에 있는 구텐베르크 광장에서는 광역권으로 연장되는 LRT의 미래상에 대한 대규모 캠페인이 개최되고 있었고, 새로운 차량의 실물도 소개되어 많은 시민들이 모여들었고 이에 대한 높은 관심도를 확인할 수 있었다(그림 5-91, 5-92).

미국에서의 LRT 도입 사례로는 황폐한 도시의 중심시가지를 재생하기 위해 LRT를 도입하여 보행자전용의 트랜짓몰을 형성함으로써 도시의 활기를 회복시키고 상가의 매출 증가와 이에 따른 지가상승을 목표로 하고 있다. 반면 유럽에서는 오히려 자가용차와 버스로 인한 정체와 이에 따른 탄산가스 배출과 대기오염을 억제하기 위해 도입한 사례가 많다고 한다.

---

14) LRT에 대한 상세한 내용은 다음 문헌을 참조. 望月眞一, 『路面電車が街をつくる― 21世紀フランスの都市づくり』(鹿島出版會, 2001).

그림 5-91 구텐베르크 광장에서의 LRV 신형차량 전시회 인산인해를 이루고 있었다.   그림 5-92 스트라스부르 역 구내에서의 LRT 개선계획안 전시

각지의 LRT를 승차하면, 마치 수평방향으로 움직이는 엘리베이터처럼 도시를 이동하는 것을 즐길 수 있고, 상당수의 시민이 편리한 자가용차를 포기하는 이유를 이해할 수 있게 된다. 또한 스트라스부르에서는 LRT 효과가 널리 알려지게 되어 자신들의 동네에도 LRT를 연장해 달라는 의견들이 많아지고 있다. 현재는 근교 30km권역을 커버하고 있고, 장래는 라인 강을 건너 독일 쾰른 시까지 연장하는 것도 계획되고 있다.

스트라스부르의 중심시가지는 라인 강의 지류인 이루강의 거대한 섬이고 철도역은 강 건너편에 있다. LRT는 철도역 부근에서는 지하로 주행하고 있고 중심시가지와 교외 구간에서는 지상을 주행한다. 현재 LRT는 섬의 구텐베르크 광장 옆에서 교차하는 두개의 노선이 있고 그 교차점에는 원형 유리지붕으로 된 상징물이 장식되어 있다(그림 5-93, 5-94).

LRT는 이용하는 사람들로 매우 혼잡해 시민에게 널리 사랑받고 있는 것을 눈으로 확인할 수 있었다. 특히 대학교 부근의 젊은이들과 공항을 왕래하는 사람들의 수요에 부응하고 있는 것이 높은 이용률의 주된 이유로 생각되었다.

파크앤라이드용 주차장에는 생각만큼의 자동차가 주차해 있지는 않았지만, 주차료와 승차권을 합해 1일 300엔 정도이기 때문에 합리적인 수준이었다(그림 5-95, 5-96). 그러나 이렇게 저렴한 운임이 가능한 것은 프랑스

그림 5-93 두 LRT 노선 교차점에 있는 상징물

그림 5-94 교외구간에서는 잔디궤도를 채용하고 있다.

그림 5-95 파크앤라이드용 주차장
교외 쇼핑센터에 인접해 있다.

그림 5-96 공항행 버스와의 결절점

그림 5-97 푸치트프랑스 지구

제5장 EU의 도시 탐방 **157**

그림 5-98 유람선

특유의 교통세가 있기 때문이라는 점을 간과해선 안 된다. 또한 LRT의 운영은 민간기업이 담당하고 있다는 점도 효율적인 경영에 공헌하고 있다고 생각되었다. 교통세란 기업이 종업원에게 통근수당을 지급하는 대신에 세금으로 납부하는 제도로서 일정 규모 이상의 기업에게 납세의무를 부과하고 있다. 또한 프랑스의 대중교통 운영회사는 민간기업으로서, 과점화가 진행되어 현재 4개 회사가 대기업으로 성장하여 외국까지 업무범위를 확장하고 있다고 한다. 그중 한 회사인 코넥스 사는 기후(岐阜) 시의 노면전차가 폐지되는 것을 계승하겠다는 사업제안서를 낸 것으로 알려져 있다. 세계 22개국에 진출하여 2003년 매출액은 약 4,775억 엔에 달한다고 한다. 우리는 노면전차는 만년 적자의 애물단지로 여겨지고 있지만, 이것으로 수익을 창출하고 있는 기업이 있다는 점을 인식해야 할 것이다.

스타라스블루의 섬을 포위하는 강물의 흐름은 의외로 빠르고, 아주 투명하여 관광선이 운항되고 있다. 특히 옛스러운 거리분위기가 남아 있는 푸치트프랑스 지구의 경관은 물과 어울려 대단히 매력적이고, 이 오래된 도시에 많은 관광객이 찾아드는 원동력이 되고 있다. 시민에게 살기 좋은 도시가 관광객에게도 사랑받는 도시가 된다는 점을 이 도시를 통해 쉽게 알 수 있었다(그림 5-97, 5-98).

제6장

21세기의 도시계획

앞 장에서 찾아간 도시계획 선진도시의 대부분은 20세기의 시행착오를 거쳐 탄생하게 된 것이다. 우리는 이미 21세기에서 생활하고 있고 새로운 도시계획 방법론을 구축할 필요성이 요구되고 있다. 20세기가 실패의 세기라고 한다면 어떻게 하면 21세기에는 그러한 실패를 반복하지 하지 않고 도시문제를 해결할 수 있을까? 또한 좀 더 적극적으로 보다 나은 도시계획을 추진하는 방법은 없는 것일까? 이 장에서는 이러한 의문에 대한 몇 가지 힌트를 제공하고자 한다. 이것이 전부는 아니지만 무언가 실마리가 될 수 있었으면 하는 바람이다.

6.1 공통의 가치관

지금까지 살펴본 도시계획 사례에서 공통의 가치관을 발견할 수 있다. 이것들은 제1장에서 설명한 근대도시이론의 가치관과 상반되는 것도 있으나, 향후 도시계획의 지침으로서 매우 참고가 될 것으로 생각한다.

먼저 대표적인 예로서 앤드리스 듀어니 부처, 피터 칼소프, 마이클 콜벳 부처 등 미국의 뉴어버니즘을 탄생시킨 중심인물들이 1991년에 모였던

요세미티 국립공원의 아와니 호텔 이름에서 유래된 아와니 원칙을 요약하자면 다음과 같다.[1)]

- 모든 커뮤니티는 주택 이외에도 상점, 직장, 학교, 공원, 공공시설 등의 복합적인 기능을 지닐 것
- 대부분의 시설은 도보권 내에 있을 것
- 대부분의 시설과 활동거점은 대중교통수단의 역과 정류장에서 도보로 접근할 수 있을 것
- 다양한 사회계층, 연령층의 주민이 공존할 것
- 에너지 소비를 억제하고 자연환경의 보전에 만전을 기할 것

한편 영국 어번빌리지 추진 모체인 어번빌리지 포럼이 주장하는 원칙은 다음과 같다.[2)]

- 휴먼스케일을 고려한 개발
- 고품위 디자인
- 복합개발
- 치밀하게 계획된 기반시설
- '믹스인컴(mix income)'과 '취득가능한 주택(affordable housing)'
- 효과적인 유지관리

또한 콤팩트시티에 대하여 포괄적으로 연구를 수행하고 있는 마이크 젠크스 교수가 정리한 콤팩트시티의 특징은 다음과 같다.[3)]

---

1) Andre Duany, Elizabeth PlaterZyberk and Jeff Speck, *Suburban Nation-The Rise of Sprawl and the Decline of the American Dream*(North Point Press, 2000).
2) Peter Neal, *Urban Villages and the Making of Communities*.

- 도시형태의 콤팩트함
- 용도혼합과 적절한 가로계획
- 체계적인 교통 네트워크
- 환경 규제
- 수준 높은 도시경영

이렇게 정리해 보면 이들 개념의 상호 공통되는 부분을 발견할 수 있다. 그것들을 열거하면 다음과 같다.

- 도보권 내에서의 지구계획
- 용도와 기능의 혼합
- 공지와 기개발된 토지의 재이용
- 다양한 거주계층으로 구성된 커뮤니티의 형성
- 에너지 소비의 절감과 효율화
- 공공 공간의 중시
- 다핵적인 도시 형성

여기에 정리된 항목은 르 코르뷔제 등이 20세기 도시계획의 원칙으로 1932년에 제안한 「아테네헌장」과는 매우 대조적인 내용인 것을 확인할 수 있다. 즉 그들이 부정했던 역사적인 도시구조를 재평가한다는 나선 형태의 진화과정을 거치고 있다고 말할 수 있지 않을까? 그러므로 우리는 '역사도시'에서 배울 점이 많다.

---

3) Mike Jenks, ibid.

6.2 온고지신

역사도시에서 배운다

21세기를 예견하는 도시계획 현장을 찾아가면 대부분의 경우 그 보수적인 외견에 놀라게 된다. 솔직히 말하자면 우리 건축가는 실망하는 경우가 많다. 20세기 건축의 발전을 경험하고 난후 과거의 분양주택과 거의 다를 바 없는 건물들이 늘어선 도시를 보게 되면 허탈감에 빠져들 뿐, 21세기의 선진적인 도시계획이라는 이미지는 떠오르지 않는다. 그러나 영국의 블레어 정권시절 도시계획의 기본방침을 수립한 리처드 로저스의 UTF(urban task force)는 세련된 도시디자인의 유효성을 제시한 도시재생 모델 프로젝트의 추진을 주장하고 있고 사실 밀레니엄 빌리지는 새로운 도시 디자인의 방향성을 제시하고 있다. 또한 네덜란드와 독일의 최근 사례에서는 매우 첨예한 디자인도 채용하고 있다. 특히 환경공생을 의식한 디자인을 구사하여 지금까지 전례가 없는 새로운 거리경관의 가능성도 보여주고 있다. 녹화된 지붕과 목재의 외벽 등은 일찍이 민간에서는 흔히 볼 수 있는 소재였지만, 영국의 밀레니엄 빌리지와 홈, 독일의 프라이베르크 시 호보 단지 등에서 미래적인 이미지로 재현되고 있다.

한편 어번디자인이라는 측면에서 저자가 특히 흥미를 가지고 있는 것은 중국의 '역사도시'다. 수년 전 호남 성(湖南省) 장사(長沙)에서 북경으로 비행기를 타고 가다가 상공에서 본 개봉(開封)의 모습은 잊을 수가 없다(그림 6-1). 성벽으로 둘러싸인 이 도시의 절반은 수면이고 마치 '워터월드'처럼 환상적이었다. 이탈리아의 작가 이타로 카르비노가 묘사한 가상 도시가 실제로 존재하는 곳이 중국이라 생각되었다. 개봉에는 아직 가본 적이 없지만 개봉처럼 환상적인 곳은 복건 성(福建省)과 광동 성(廣東省)에서 볼 수 있는 객가토루(客家土樓)일 것이다. UFO가 내려앉은 듯한 형태의 이 취

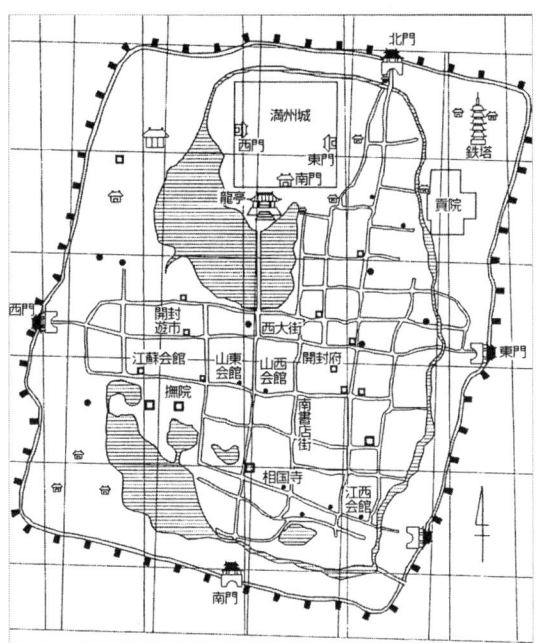

그림 6-1 개봉 시(19세기 말)
시내 상당한 부분이 물로 덮여 있다(大西國太郎ほか, 『中國の歷史都市—これからの景觀保存と町並みの再生へ』(鹿島出版會, 2001), p.76.

그림 6-2 객사토루
복건성 영락현(永樂縣)에 있다. 도쿄 게이주쭈(東京芸術) 대학의 모기케이이치로(茂木計一郞) 연구그룹이 현지 조사할 당시는 비경이었지만 최근에는 도로 사정도 좋아져 견학하기 쉽다. 이곳에서 숙박도 할 수 있으며 레스토랑도 있다.

그림 6-3 토루의 중정
각 주동은 3층이고 일체화된 구성이다.

제6장 21세기의 도시계획 **163**

락은 최근에 현지인의 안내로 방문할 기회가 있어 자세히 그 상태를 볼 수 있었다. 원형과 사각형으로 된 최대 100가구도 거주할 수 있는 집합주택은 궁극적인 콤팩트시티라 말할 수 있다(그림 6-2, 6-3). 또한 호남성 동정호(洞庭湖)라는 호수의 도시 악양(岳陽)에 인접한 장곡영(張谷英)이라는 마을도 200세대가 모여 사는 저층고밀도의 집합주택으로서 아주 우수한 것으로 생각된다(그림 6-4, 6-5). 또한 북경의 호동(胡同)이라 불리는 코트하우스(court house)의 집합체도 저층고밀도 주거 형태라 할 수 있다. 이것은 원나라 시대에 서방에서 받아들인 것으로 세계적으로 공통적인 형식일 가능성이 있다. 그러나 유감스럽게도 이것들은 현재 소위 재개발에 의해 빠르게 그 모습을 감추고 있다(그림 6-6, 6-7).

거리 디자인으로 우수한 것은 복건성의 하문(廈門) 등에서 볼 수 있는 '기루(騎樓)'라고 불리는 일층이 점포이고 상층부는 주택인 건물이다. 이것은 도로변 건물의 1층 부분에 아케이드를 설치한 것으로 대만 이남의 동남아시아 일대에서 볼 수 있는 형식이다. 유럽에서도 영국과 이베리아 반도 등에서 볼 수 있고 그 기원은 확실하지 않다. 중국에서는 화교가 동남아시아로부터 모국에 전래한 것으로 추측되고 있다. 하문은 홍콩과 같이 작은 섬이다. 그곳에는 180만 명 정도의 사람이 북적거리고 있어 고층빌딩 건설 붐이 지속되고 있다. 그러나 시당국은 기루가 있는 아름다운 메인스트리트를 귀중한 문화유산으로 지정하여 가로에 접한 부분만을 저층의 기루로서 보존하고 그 안쪽 부분만을 고층빌딩으로 재건축하는 방안을 검토하고 있다(그림 6-8, 6-9). 앞서 설명한 미국 플로리다 반도의 도시 보카라튼과 산타나로의 쇼핑센터는 자세히 보면 바로 이 기루와 유사하고 역사에 배운다는 의미를 되새기게 한다. 이 섬 바로 옆에 있는 코론스 섬은 예전에는 열강의 치외법권 지역이었던 곳으로 당시 영사관이 역사유산으로 남아있어 유럽풍의 경관을 형성하고 있다. 또한 이곳에는 당시의 음악교실 전통이 계승되어 자동차 없는 환경의 섬이자 음악의 섬으로도 알려

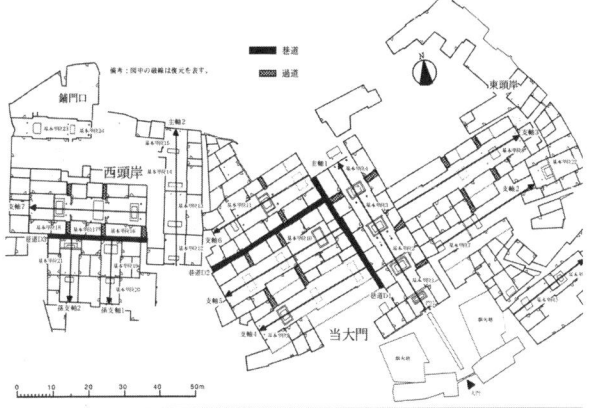

그림 6-4
장곡영 마을의 배치도
(晴永知之「中國湖南省 張谷英と寧遠縣の漢族 の居住空間と集住形態 に關する硏究」鹿島大 學學位論文, 2001.)

그림 6-5 장곡영 마을을 그린 벽화

가고시마(鹿兒島) 대학의 연구실과 호남(湖南) 대학의 공동조사로 그 전용이 밝혀졌다. 기본적으로는 '천정이 라는 중정을 중심으로 사합원(四合院; '四'자는 동서남북, '合'자는 에워쌌다는 의미로 사합원은 사면에 가옥 이 있는 혹은 사면이 벽으로 된 가옥을 뜻함)형의 코트하우스가 '항도(巷道)'라는 통로로 연결되는 구성이다.

그림 6-6 북경의 호동

제6장 21세기의 도시계획 **165**

그림 6-7 **사합원의 중정**
기본적으로는 메소포타미아 시대부터 시작된 코트하우스의 구성과 다르지 않다.

그림 6-8 **하문의 '기루'**
메인스트리트의 기루는 구미에서도 볼 수 있는 아케이드가 설치된 점포주택으로 동남아시아 일대에 넓게 분포한다. 이곳에서는 보존수복이 진행되고 있다.

그림 6-9 **기루로 둘러싸인 가구 내부의 재개발**
기루는 보존하고 내부에 초고층빌딩을 짓는다.

그림 6-10 **코론스 섬의 구 영사관**
비스듬한 줄무늬가 있는 독특한 벽돌이 사용되었다.

져 있다(그림 6-10). 하문 시는 중국에서 두 번째로 공기가 맑은 도시를 지향하고 있고 대중교통을 중시하여 티켓에는 터치식 IC카드를 도입하거나 섬으로 출입하는 것도 ETC로 제어하는 등 최신의 기술을 적용하고 있다.

한편 최근의 도시재생을 위해 유력한 무기로 여겨지고 있는 수변 공간에 대하여 말하자면 상해와 소주(蘇州) 사이에 점재하는 주압(周壓), 동리(同里), 주가각(朱家角) 등의 수변도시의 매력적인 공간구성은 운하를 재생시킨 버밍엄과 연간 1,000만 명 이상이 방문하는 텍사스 주의 컨벤션 시티인 샌안토니오 등과 공통점이 많다(그림 6-11, 6-12).

이와 같이 어번디자인이라는 측면에서 많은 교훈을 얻을 수 있는 역사

그림 6-11 주압

그림 6-12 텍사스 주 샌안토니오의 리버워크 (river walk)

도시는 수없이 많기에, 어번디자이너는 가능한 한 여행을 많이 다니는 것이 좋을 듯싶다. 저자도 되도록 빨리 개봉의 워터월드를 찾아가 보고 싶다.

6.3 어번디자인의 새로운 수법

복잡계

최신의 도시계획 현장을 시찰하면 예전과 같이 균일하고 반복이 많은 단조로운 형태를 배제하고자 하는 의지를 느낄 수 있다. 이것은 본 장의 전체에서 설명한 최근의 도시계획 추세이자, 현실의 도시가 지닌 다양성과 복잡성이라는 매력이 많은 사람들에게 지지받고 있다는 것을 의미한다. 이 복잡성을 어떻게 표현하느냐가 어번디자이너의 과제이다. 이를 위한 수단으로 참고가 될 만한 것이 최근 주목받고 있는 '복잡계(complex system)'라는 개념이다. 이것은 무질서한 주식시세의 움직임 등 경제활동을 이론적으로 해명하고자 미국 산타페연구소가 제창한 이론으로 그 후 거의 모든 학문분야에 응용되고 있다.

가고시마 대학의 우리 연구실에서는 이 이론을 도시 분석과 설계에 응

제6장 21세기의 도시계획 **167**

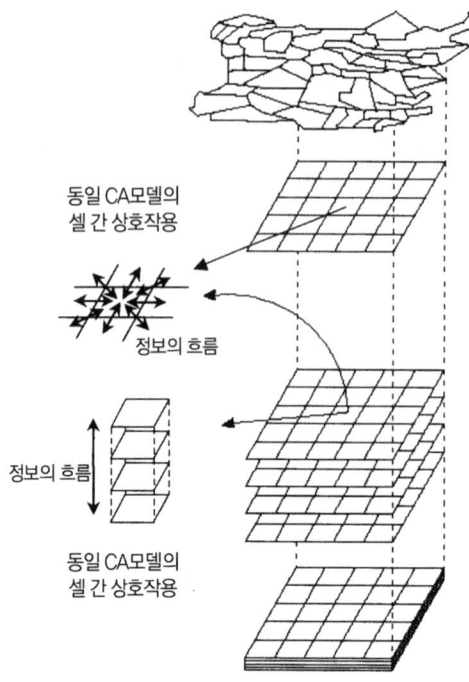

그림 6-13

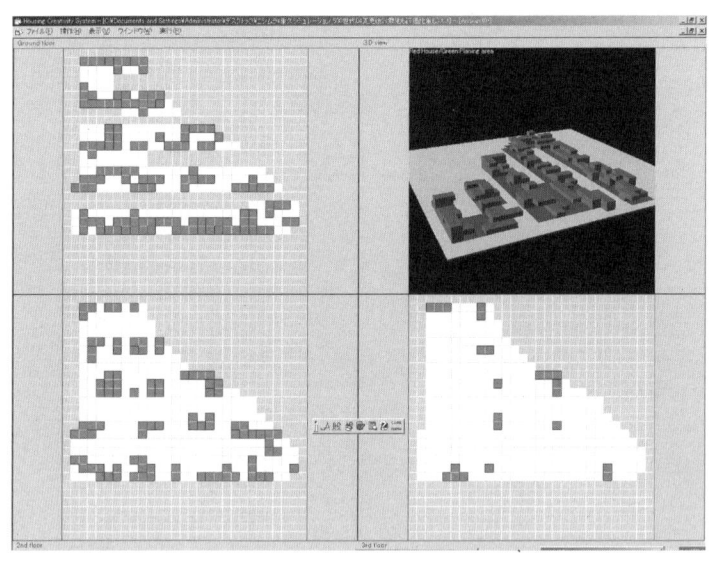

그림 6-14

용하고자 계산공학의 전문가인 혼마 도시오(本間俊雄) 교수와 공동으로 연구를 추진하고 있다. 그중 하나가 도시동태예측으로 현실 도시의 움직임을 인구이동이라는 측면에서 시뮬레이션하는 알고리즘을 복잡계의 수단 중 하나인 '셀 오토마튼(cell automaton)'이라는 수법으로 개발한 것이다. 이 연구는 건축계획학 전문인 도모키요 다카카즈(友淸貴和) 교수의 조언으로 시작되었고, 현재 그를 중심으로 연구가 추진되고 있다(그림 6-13).4)

또 하나의 연구는 매력 있는 경관 해명을 위한 수단으로 복잡계를 응용한 것으로 '자기조직화이론'을 응용하여 경관요소의 응집현상을 분석하고 있다. 또한 저층고밀도 개발의 가능성을 모색하기 위해 복잡계를 응용한 '유전적 알고리즘'이라는 생물진화 과정을 모방한 계산방법을 채용하여 다양한 대안 중에 최적해에 가까운 것을 추려내는 연구를 추진하고 있다. 이들 연구 방법론에 대한 상세한 내용은 번잡해지기 때문에 생략하지만 지금까지의 경험적인 설계방법에서 한 단계 발전시켜 이제부터는 좀 더 일반적인 이론을 개발해내는 것이 저자의 바람이다.5) 지금까지 가고시마(鹿兒島) 특유의 취락경관을 유지하고 있는 것으로 잘 알려진 '산기슭(麓)'에 있는 무가(武家; 평시에는 농민, 전시에는 무사인 신분을 지닌 향사(鄕士)가 사는 집) 취락의 경관에 관한 연구와 저층집합주택에서의 일조, 통풍 등 다양한 제약조건 속에서 최적의 배치계획을 도출하는 연구를 발표해왔다(그림 6-14).6)

---

4) 本間俊雄·友淸貴和·松永安光·豊田星二郎·福永知哉, 「複層化セルオートマトンによる地方都市の解析モデル」, ≪日本建築學會計畵系論文集≫, 第568号(2003), pp. 93~100.
5) 森園久美子·德田光弘·本間俊雄, 「自己組織化臨界狀態を用いた街路景觀評價手法の考察―單純物理量を負荷量とした評價手法の檢討」, ≪日本建築學會九州支部硏究報告(計系)≫, 第44号(2005), pp. 573~576.
6) 西村一成·本間俊雄·德田光弘·松永安光, 「低層集合住宅配置計畵における發想支援システムに關する硏究―擬似育種法に對する人爲的操作導入の試み」, ≪日

복잡계 수법은 모두에 설명한 대로 다양한 분야에서 이용된다. 예를 들면 건축구조 분야에서도 최근 출현한 표현주의적인 구조를 실현하기 위해서 필수적인 수법으로, '형태창조'라는 분야를 형성하고 있다. 도시 분야에서는 발견적(heuristic)인 수법으로 불리지만 이것을 응용하여 유사한 성과를 거두었으면 한다. 이러한 수법을 발전시킴으로써 도시계획 현장에서 허탈감에 빠져들지 않고 희망을 찾아낼 수 있지 않을까 생각한다.[7]

6.4 안심·안전의 도시계획

침투성과 커뮤니티

일본은 세계적으로도 드물게 안전한 나라로 정평이 나있지만 최근 발생하고 있는 흉악범죄와 떨어지고 있는 검거율이 그러한 평가를 무색하게 만들고 있다. 마치 인종문제를 안고 있거나 사회계층 간 괴리문제를 안고 있는 구미국가와 비슷한 상황에 처하게 된 것이다. 도시가 매우 위험한 장소가 되어버렸다는 공통된 의식이 있고 이에 대한 대책 마련이 새로운 시대의 도시계획의 핵심이 되고 있다.

근대도시이론의 도시계획을 재평가하게 된 계기는 범죄발생의 급증에 있었고 제1장에서 설명한 것과 같은 다수의 실패 사례를 낳고 있다. 그 결과 새로운 도시계획에서는 어떻게 하면 범죄를 방지할 수 있을까라는 시

本建築學會九州支部研究報告(計畫系)≫, 第44호(2005), pp. 205~208.

7) '복잡계'에 대해서는 다양한 참고문헌이 있지만 예를 들면 다음 문헌을 참조.
井庭崇·福原義久, 『複雜系入門―知のフロンティアへの冒險』(NTT出版, 1999);
チャールズ·ジェンクス著, 工藤國雄譯, 『複雜系の建築言語』(彰國社, 2000); 日本建築學會編, 『複雜系と建築都市社會』(技報堂出版, 2005).

점이 중시되어 하드웨어적인 측면에서는 '침투성(permeability)'이라는 개념이 주목을 받고 있고 또한 소프트웨어적인 측면에서는 '커뮤니티'의 역할이 재평가되고 있다.

침투성이란 침투하기 쉬운 정도를 의미하는 용어인데, 영국에서 도시공간과 범죄의 관계를 연구한 아리스 콜먼이 그의 저서『시련에 선 유토피아』에서 사용한 것이 그 시초다.[8] 그 후 이안 벤트레이가 쓴『응답하는 환경』이라는 책에서는 한층 그 정의를 명확히 하고 있다.[9] 두 저자 모두 1960년대에 근대도시이론을 비판하여 보다 현실적인 도시계획을 논한 미국의 저널리스트인 제인 제콥스의 저서『대도시의 생성과 소멸』의 영향을 받았고 도시에 침투성을 강조하는 양자의 주장은 제콥스에게서 그 근원을 찾을 수 있다고 해도 무방하다(그림 6-15).[10] 또한 콜먼은 제1장에서 서술한 프루트이고 단지를 연구한 미국의 도시학자 오스카 뉴먼의 영향을 받았다. 일본에서는 고인이 된 유카와 도시카즈(湯川利和) 씨가 범죄환경학의 개척자였지만 안타깝게도 젊은 나이에 세상을 등지고 말았다.

한편 영국 황태자가 주재하는 프린스재단에서 출판된 어번빌리지의 헌법이라고도 말할 수 있는 서적『어번빌리지』에서는 침투성과 관련하여 "보행자의 침투성은 매력적이며 새로운 도시환경의 창조에 결정적인 요소이다"고 기술하고 있다. 벤트레이는 침투성을 '어떤 환경이 일정한 장소에서 다른 장소로 이동하는 사람에 대하여 얼마나 많이 접근할 수 있는 선택지를 제공하고 있느냐'라는 개념으로 정의한다. 이들의 애매한 정의를 종합해 보면 상당히 명확한 개념이 떠오른다. 침투성에는 물리적인 측면과 시각적인 측면이 있다. 물리적으로는 가구를 가능한 한 소규모로 하여 가로의 밀도를 높이고 보행자의 경로 선택가능성을 높이는 것이 중요

---

8) Alice Coleman, *Utopia on Trial*(Hillary Shipman, 1985).
9) Ian Bentley, *Responsive Environment*(The Architectural Press, 1992).
10) Jane Jacobs, *The Death and Life of American Great Cities*(Random House, 1961).

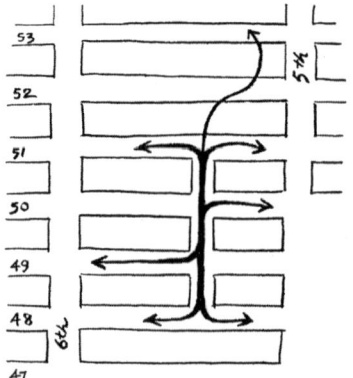

그림 6-15 침투성을 높이기 위해 가구의 세분화를 설명한 제콥스의 그림
(Jane Jacobs, 주 10의 문헌)

시되지만 이것은 제콥스의 주장이기도 하다. 시각적으로는 가로에 대하여 건물 내외와 부지 내외의 시선이 닿기 쉬운 것을 의미한다. 이로 인하여 노상 범죄를 예방하는 효과를 기대할 수 있게 된다. 또한 종래 장려되어왔던 보행자 공간과 차도의 분리는 시각적인 침투성을 저하시킨다는 점에서 부정된다. 게다가 종래 장려되었던 대지경계로부터의 건축선 후퇴(set back)는 건물 내외의 침투성을 낮춘다는 점에서 역시 거부되고 있다.

즉, 근대도시이론을 바탕으로 지금까지 진행되어 온 '밀집주택지를 고층화하거나 슈퍼블록화하여 재개발한다'는 계획은 침투성을 낮추는 것으로 거부되고 있다. 또한 '근린주구이론'에 의해 장려되어 왔던 보도와 차도의 분리는 특히 보도 부분에서 시각적인 침투성이 저하되기 때문에 거부된다. 또한 한때 이상형이라 여겨졌던 '쿨데삭(막다른 회전도로)' 배치는 막다른 길로 인하여 범죄발생이 우려되어 지금은 거부되고 있다. 이것은 뉴어버니즘의 프로젝트에서도 공통된 인식이다. 뉴어버니즘 프로젝트에서는 모든 주택은 가로에 접하고 가로와 주택의 침투성이 높다. 물론 모든 가로도 관통할 수 있게 되어 침투성이 높다.

앞서 서술한 바와 같이 파리에서는 집을 헐고 새로 짓는(scrap and build) 방식으로 추진된 '슈퍼블록형' 도시재개발지구에서 가로와 건물 사이에 조성된 넓은 공터는 위험하다고 하여 그곳에 중층의 건물을 짓고 공터를

그림 6-16 길모퉁이에 있는 우편함
워터컬러 지구에서의 사례

없애는 프로젝트를 추진했다. 이것은 '딱지형성형 재생'이라 불리고 있다. 마치 상처를 치유하는 딱지처럼 도시를 재생한다는 것이다. 이것도 건물과 가로 사이에 침투성을 높이고자 하는 시도라고 말할 수 있다.[11]

 도시를 보호하기 위해서는 침투성을 제고시키기 위한 하드웨어만으로는 충분하지 않고 그곳에 거주하는 사람들의 의식수준을 높이는 것도 중요하다. 특히 전혀 면식이 없는 사람들이 모여서 거주하는 그린필드개발에서는 어떻게 커뮤니티의식을 함양시킬까가 문제가 된다. 미국에서는 주거지 주변을 펜스로 에워싸는 게이티드커뮤니티라는 폐쇄적인 개발이 널리 추진되고 있고 관점을 달리한다면 자발적으로 지원해서 입소하는 형무소와 같은 곳이 되고 있다.

 뉴어버니즘은 물론 이러한 생각을 거부하고 있고 다양한 아이디어를 짜내고 있다. 인트라넷을 활용한 'e-community'[12] 등은 흔히 볼 수 있는 것이고 도시로의 귀속감과 도시의 정체성을 높이고자 노력하는 사례가 많이 있다. 시사이드와 셀레브레이션에서 볼 수 있는 바와 같이 도시의 중심

---

11) 鳥海基樹, 『オーダーメードの街づくり―パリの保全的刷新型「界隈プラン」』.
12) 'e-community'란 인터넷을 이용하여 커뮤니티활동을 전개하는 운동으로서 일본에서도 각지에서 다양한 성과를 올리고 있다. 단지 등에서 내부적인 네트워크를 구축한 것이 인트라넷으로 미국의 커뮤니티에서 흔히 볼 수 있다.

그림 6-17 커뮤니티 활동 참가를 호소하는 빌리지홈즈의 게시판

에 우체국, 교회, 잡화점 등을 개발 초기에 미리 배치하는 것은 귀속감을 높이기 위해서이다. 또한 주거지의 우편함을 일부러 집집마다 설치하지 않고, 길모퉁이에 집합적으로 설치하는 것은 이웃집 사람들이 얼굴을 마주치게 하여 서로 알고 지낼 수 있도록 하기 위해서다(그림 6-16). 그리고 영주하는 주민을 위해 묘지를 조성한 파운드베리와 메모리얼파크를 설치한 셀레브레이션 등도 있다.

캘리포니아 주 빌리지홈의 주민들은 가로수의 아몬드 수확을 공동으로 하거나 다양한 행사에 참가하는 등 서로의 얼굴을 알고 지냄으로써 안전성이 확보되어 이곳에서 자란 사람들은 이 도시를 떠나 살 때야 비로소 다른 도시의 험난함을 알게 되었다고 말하고 있다(그림 6-17). 도시의 안전성을 주민이 지킨다는 것은 자신의 자산 가치를 유지하기 위해서 중요한 요소이기 때문에 주민의 관심은 매우 높다. 덧붙여 말하자면 도시의 경관도 자산 가치를 높이는 중요한 요소이기 때문에 어떤 도시건 분양이 완료되면 주민이 자발적으로 엄격하게 규제를 적용하고 있다.

6.5 실현 수단

PFI, PPP, TIF, BID

지금까지 살펴본 도시 프로젝트를 실현하기 위해서는 뭐니 뭐니 해도 그 재원을 어떻게 조달할 것이냐가 문제가 된다. 현재 선진국도 예외 없이 재정이 어렵고 전면적으로 국가 혹은 지방행정기관이 자금을 투입하여 추진하는 사업은 거의 없다고 해도 무방하다.

대부분은 '차입자본이용(leverage)'이라는 지레의 원리를 응용하여 적은 자금으로 최대한의 효과를 얻기 위해 보조금을 지원하거나 민간자본과 파트너십을 구성하여 사업을 추진하는 수법을 이용하고 있다. 물론 뉴어버니즘처럼 전면적으로 민간자본만으로 추진하는 사업도 있지만 그것들은 대개 그린필드에서의 개발 사업이다.

일본에서 추진되는 사업의 대부분은 지금까지는 행정기관의 직할사업이거나 보조금에 의존하는 등 주로 남의 힘을 빌려 사업을 추진하는 경우가 대부분이었다. 특히 저자가 거주하는 가고시마(鹿兒島)와 같은 지방에서는 지역경제 그 자체가 공공사업에 의존해 온 경위도 있고 해서인지 자신의 능력을 과소평가한 경우가 많았다. 그러나 지금은 그러한 방식이 통하는 시대가 아니라는 것은 관계자 모두가 잘 인식하고 있다.

영국도 일찍이 그러한 상황에 빠져들었었고 '영국병'이라는 용어가 세계적으로 알려지게 될 무렵 등장한 것이 보수당 대처 수상이다. 그녀는 민간자본의 전면적 활용을 모색하여 공공부문의 민영화와 함께 공공사업에도 민간자본을 도입하는 수법으로서 'PFI(Private Finance Initiative)'를 채택했다. 사업뿐만 아니라 공공부분의 통상적인 업무까지도 민영화하고자 하는 것이 'PPP(Public Private Partnership)'이고 PFI는 PPP에 포함되는 개념이다. PFI 방법은 일본에도 도입되었으며, 그 내용은 한마디로 민간자본을 활용하여 공공자산을 확보하고 그 혜택을 주민에게 주는 방식이다. 하지만 사업을 추진하는 데 있어 주민들의 의견을 무시하고 추진하는 경향이 있어 이에 대한 비판적인 의견이 많다. 그리고 디자인 측면에서도 민간자본은 투입자본의 조기 회수만을 추구한 나머지 대중에게는 기만적인 것이 되거나 미적인 가치를 무시하는 경우가 많다.

한편 PFI는 서비스이용자로부터 징수하는 이용요금, 공공에서 지불되는 서비스 구입대금, 보조금 등 공적 지원금으로 투입자본의 회수를 모색하고 이를 통해 융자금의 원리변제와 출자금의 배당금을 충당하는 사업형태이다. 그러나 그 유형은 매우 다양하여 구분을 명확히 하는 것이 중요하다. 예를 들면 영국에서는 독립채산형, 공공서비스 구입형, 조인트벤처 등이 있다. '독립채산형 PFI'은 공적인 지원이 없고 서비스 이용자로부터 징수하는 대금으로 민간사업자가 투입자본 모두를 회수하는 타입이다. '공공서비스 구입형 PFI'는 공공서비스 제공에 대한 대가로서 이용자를 대신하여 공공이 지불하는 서비스구입 요금으로 민간사업자가 투입자본 전액 혹은 절반을 회수하는 타입이다. '조인트벤처형 PFI'는 서비스 이용자로부터 징수한 수입으로 민간사업자가 투입한 자본 전액을 회수할 수 없는 경우에 공공이 공적 지원을 통해 사업성을 보장해 주는 유형이다.[13]

도시계획과 같은 사회자본 정비사업에 있어서는 그 사업을 실시하는 '부담자'와 사업을 통하여 서비스를 제공받는 '수익자'를 구분할 필요가 있다. 지금까지 대부분의 공공사업에서는 공공기관이 부담자가 되어 시장원리에 따라 사회자본을 정비하고 주민은 수익자로서 사업에 소요된 사업비 일부를 부담하는 방식으로 추진되어 왔다. 이 방식을 '수익자부담'이라 한다. 그런데 이러한 방식으로 사업을 추진해 온 결과 주민의 욕구와

---

[13] 保井美樹,「稅增收分の還元によるまちづくりの財源調達の有效性—米國TIF制度の考察」,《都市計畫》, 6月号(2001); 大西隆·保井美樹,『「負担者自治」という觀点から見た米國BID制度の評價に關する硏究』,《都市計畫》, 6月号(2002).

사업의 목적이 괴리되는 현상이 발생하게 되었고 결과적으로는 사회자본의 추가적인 정비에 대한 시민의 지지를 얻을 수 없게 되는 상황이 전개되고 있다.

이러한 상황에서 종래의 수익자부담 방식을 대신하여 수익자의 부담의사를 명확히 확인한 후 사업의 실시 여부를 결정하는 '부담자수익'이라는 개념이 도심부의 재개발사업 등에서 다수 활용되고 있다. 이것은 지방공공단체가 도시의 쇠퇴한 지역을 재생할 경우 그 재생사업으로 얻게 되는 재산세의 증가분을 기반시설정비재원으로 환원하는 방식이다. 이것을 'TIF (Tax Increment Financing)'라 한다. 즉, 현재 외국계 펀드가 일본에서 추진하고 있는 불량채권 회수사업과 같이 불량자산화된 지구를 개선하여 자산가치를 증진시키고 투자자본을 회수함과 동시에 지자체 입장에서는 장래의 세수입 증가를 예상하여 기반시설 설치사업에 예산을 투입한다는 방식이다. 이것을 '부담자수익'이라 한다. TIF는 그 사업에 참여하는 민간부문의 투자 없이는 성립되지 않기 때문에 이 방식은 일본에서 과거 흔히 볼 수 있었던 과도하게 수요를 예측하여 그 결과 공공사업의 파탄을 초래하는 사태를 회피할 수 있다는 장점이 있다.

이 사업수법은 미국에서 많이 채용되고 있고 시카고에서는 지금까지 102개소의 TIF지구가 설립되었으며 향후에 더 증가할 것으로 예상된다. 1998년 현재 시내 44개소의 TIF지구의 재산세 증가율은 시 전체 증가율을 넘고 있다는 점에서, 이 사업수법의 유효성을 확인할 수 있다. 또한 1977년부터 약 20년간 시내 TIF지구에 투입된 투자총액은 약 20억 달러이고 이 중 민간투자액은 약 17억 달러에 달하고 있어, TIF에 투입된 공공투자는 충분히 민간투자를 유인하는 계기가 될 수 있다는 것을 입증하고 있다. TIF의 재원은 장래의 세입 증가분이기 때문에 대부분의 경우 당초에는 채권발행으로 사업이 개시된다. 이윽고 사업이 완료된 시점에서 세입 증가분으로 비용을 환수한다.

한편 이것이 발전한 형태로서 '부담자자치'라는 개념이 있다. 수익자부담과 부담자수익이라는 개념은 주로 개발사업의 소요자금을 조달하기 위한 방법이라고 한다면 부담자자치는 개발사업 자금의 조달뿐만 아니라 지구 완성 후의 시설의 활용, 지구 전체의 유지관리 등을 종합적으로 검토하여 부담자라는 특정 커뮤니티 내부에서 자립적인 판단과 통치방식을 확보(자치)하고자 하는 접근방식이라 할 수 있다. 이것이 미국에서 탄생한 'BID(Business Improvement District)'이다. BID는 주민 발의에 의해 그 지구의 자산소유자를 대상으로 부담금을 징수하여 이것을 이용하여 지구 내 산업 활성화를 위한 조건 정비를 실시한다. 그 결과 지구 내부의 매상, 임대료, 자산가치의 상승 등을 통하여 부담금을 지불했던 자산소유자에게 그 이익이 환원되는 방식이다. 당연히 대상 지구 주민 사이에는 찬반양론이 있게 마련이고, 이 경우 행정이 관여하여 주민투표를 실시하고 그 결과 사업이 정식으로 인정된 경우에는 반대자도 강제적으로 참가해야 한다.

미국 전역에서 1,300지구 이상의 BID가 존재하고 있고, 총액 10억 달러 이상이 투자되고 있다. 그 대부분은 소매업이 집적한 상업지역에 설정되어 있으며, BID의 운영을 위탁받은 NPO 등이 수립한 지구사업계획에 근거하여 사업을 추진하도록 되어 있다. BID의 주요 활동으로는 청소 및 유지관리, 경비, 마케팅, 기업 유치와 유출방지, 공공 공간 이용관리, 주차장 및 교통관리, 도시디자인 규제, 사회사업, 가로등·식재·거리가구 정비 등을 들 수 있으며, 개발보다는 유지관리가 중심이다. 이러한 점에서 알 수 있듯이 BID는 '주민의 주민에 의한 주민을 위한 사업'이고 궁극적으로는 주민자치 시스템이라 말할 수 있고 그 모든 체계는 지방조례와 주법에 의해 규정되어 반(半)공공성을 띠는 점이 특징이다.[14]

---

14) 日本政策投資銀行, 『海外の中心市街地活性化―アメリカ・イギリス・ドイツ十八都市のケーススタディ』(ジェトロ, 2000).

일본에서도 도쿄도 미나토구(港區)의 구획정리사업지구 '시오도메(汐留) 시오사이트(sio-site)'에서 일본판 BID가 추진되고 있고, 중간법인 '시오도메 시오사이트 타운매니지먼트'가 상기와 같은 사업을 추진하고 있다. 다만 미국의 사례와 달리 법적 근거가 없기 때문에 정식으로 BID라 말할 수는 없다. BID는 세계적으로 주목받고 있고, 영국에서는 2004년 9월에 「BID법」이 제정되었으며, 독일에서도 도입을 검토하고 있다.

일본에서도 프로젝트 파이낸싱 방법은 다양한 방식으로 전개되고 있는데 이들 방법은 공통적으로 버블 붕괴 후 신중한 투자 자세를 견지하고 있는 민간자본을 대상으로 합리적인 리스크 헷지(risk hedge) 시스템을 제시해 줌으로서 투자자의 사업 참여를 유도하는 방식을 띠고 있다. 일본정책투자은행 본점 지역기획부장 네모토유지(根本祐二) 씨에 따르면 투자가에 대해서는 고위험(high risk) 고수익(high return)에서 저위험(low risk) 저수익(low return)형까지 다양한 투자 메뉴를 마련하여 투자를 용이하게 하거나 프로젝트 자체에 대해서도 리스크 헷지를 위해 번들(bundle)화하여 리스크율을 낮게 하는 등의 노력을 전개하고 있다고 한다.

제7장

어번디자인의 실천

 지금까지 세계의 다양한 도시계획에 대하여 기술했지만 독자 여러분들은 국내는 과연 어떻게 진행되고 있는지 의문을 품고 있을 것이다. 예를 들면 현재 국내에서는 50개 이상의 도시에서 그 마스터플랜에 콤팩트시티 개념을 도입하고 있다. 그중에는 고베와 삿포로 등 정령지정도시도 포함되고 있는 등 이미 콤팩트시티라는 범주를 초월하는 사례도 나타나고 있지만 실제로는 어번빌리지의 경우처럼 이름만 차용하고 있는 경우가 대부분이다.[1]

 대중교통기관도 국내 19개 도시에서 운영되고 있던 노면전차 중 기후시(岐阜市)의 것은 이미 폐지되었고, 삿포로 시는 존망의 위기에 처해 가까스로 힘겹게 유지하고 있는 상태이다. 구미에서 전개되고 있는 LRT를 이용한 트랜짓몰의 시범사업은 아직까지 구호에 그치고 있을 뿐 어느 곳에서도 시행되고 있지 않다. 그리고 지금도 도쿄뿐만 아니라 지방도시에서도 일명 '도시재생'이란 명분으로 고층빌딩이 줄줄이 건설되고 있지만, 이는 그렇지 않아도 혼란스러운 종래 도시 경관을 더욱더 악화시키고 있다.

---

1) 今西一男, 「自治体の都市計畵におけるコンパクトシティ政策の位置づけに關する硏究」, ≪日本建築學會北海道大會學術講演梗槪集≫(2004), pp. 657~658.

이런 상황에서 저자는 건축가이자 어번디자이너로서 지금까지 살펴본 21세기형 도시계획의 원칙에 부합하는 프로젝트를 실천하고자 마음먹고 있었다. 이하에서 서술하는 것은 그러한 시도의 일부이다. 향후 이러한 실천에 찬성하는 동반자가 많아지고 일본에서도 도시계획에 있어서 새로운 흐름이 나타나길 강력히 기대한다.

7.1 골목형 집합주택

나카지마(中島) 가든

저자는 지금까지 '구마모토(熊本) 아트폴리스'라는 회사를 통하여 구마모토시영(熊本市營) 다쿠마(託麻) 단지, 마쿠하리(幕張) 베이타운, 나가노(長野)올림픽촌 등의 대규모 주택개발 프로젝트에 참가해 왔지만 완성된 프로그램과 디자인코드 등은 근대도시이론을 바탕으로 하고 있어 뭔가 납득할 수 없는 경우가 많았다. 이런 와중에 불과 1,000m^2의 부지에 공동주택을 건설한다는 사업계획을 맡게 되었을 때 지금까지와는 다른 방법론을 개발하고자 생각했다.

부지는 전형적인 지방도시에 위치하고 있으며, 농지와 주택지와 혼재하고 있는 곳이었다. 면적은 불과 1,000m^2이고 허용 용적률은 150%로서 이러한 지구에서는 주차장을 넓게 확보하고 4층 정도의 연립주택을 짓는 것이 일반적인 지구이다. 그러나 일본 지방도시의 전형적인 경관은 단층 내지는 2층 정도의 주택과 점포가 형성되어 있고, 한편 중층이면서 주위를 압박하는 높이와 규모를 지닌 아파트와 학교 등이 이러한 경관을 교란하는 가해자로서 존재하는 경우가 많다. 한편 지방도시의 경우 지가가 비교적 싸기 때문에 농지가 무계획적으로 택지화되어 그곳에 주위의 경관

그림 7-1 나카지마 가든의 배치도

중층형개발 　　　　　종래형개발 　　　　　골목형개발

그림 7-2 나카지마 가든의 개발방식 비교

과는 전혀 어울리지 않는 주택이 난잡하게 집중적으로 건설되는 경우를 많이 목격할 수 있다. 이것도 또한 종래의 여유로운 전원적인 경관을 파괴하고 있다(그림 7-1, 7-2).

저자는 이러한 상황에 대한 대안으로서 '골목형개발'이라는 모델을 개발했다. 즉, 아파트의 장점인 양호한 일조·통풍과 단독주택의 장점인 정원이 있다는 접지성(接地性)을 겸비하고 있기 때문에 남쪽에 접한 전용정원이 딸린 주동을 평행 배치하여 그 사이에 골목 모양의 통로를 배치한다는 계획이다. 골목 폭은 2m이지만 그곳에는 잡초가 자라는 곳도 있고 물이 흐르는 곳도 있다. 말하자면 전형적인 일본의 취락 경관을 복원했다고 말할 수 있다(그림 7-3~7-6).

주택 규모는 최소규모인 60m^{2}로 12가구를 배치하고, 밀도는 1ha당 약 100가구 정도로 전형적인 교외단지 밀도와 비슷하다. 또한 앞서 설명한

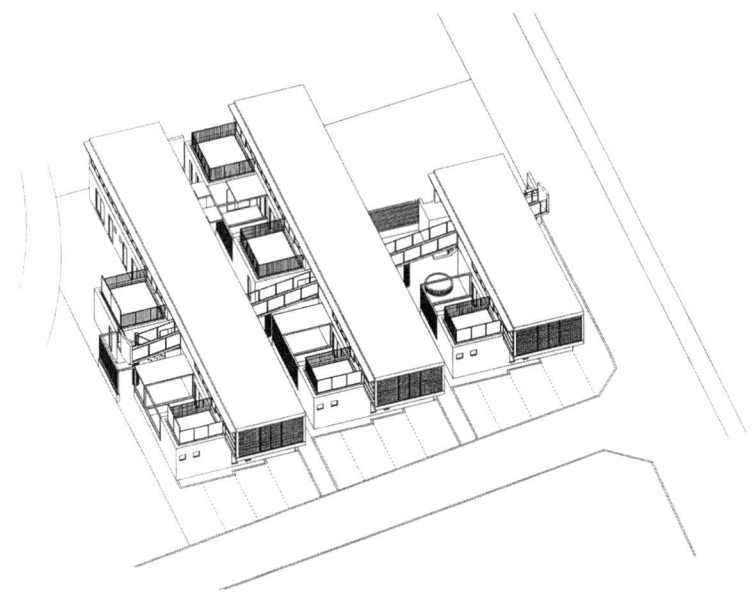

그림 7-3 **나카지마 가든의 전체 구성도**
평행배치된 3동이 다리로 연결되어 있다. 복도 대신에 골목이 배치되었다. 각 가구에는 전용 정원이 있다.

그림 7-4 **동쪽에서 본 나카지마 가든 전경**
배후에 후지(富士) 산이 보인다. 호리우치코지(堀內廣治) 촬영.

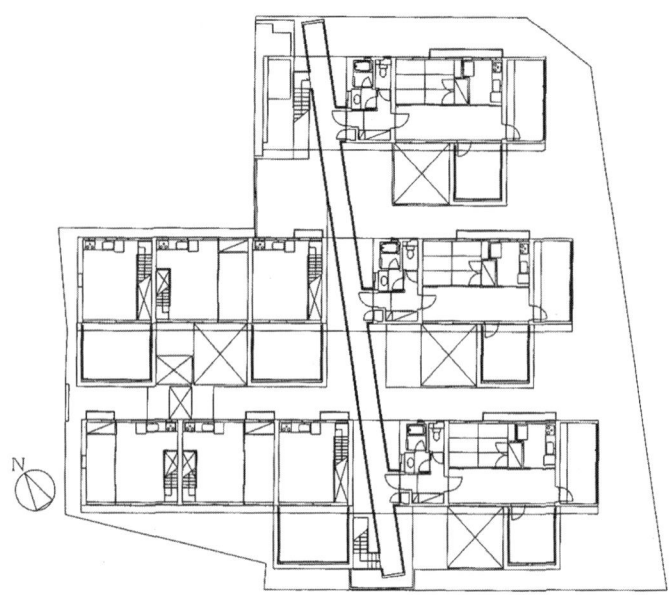

그림 7-5 나카지마 가든 주동의 1층 평면도 1/500

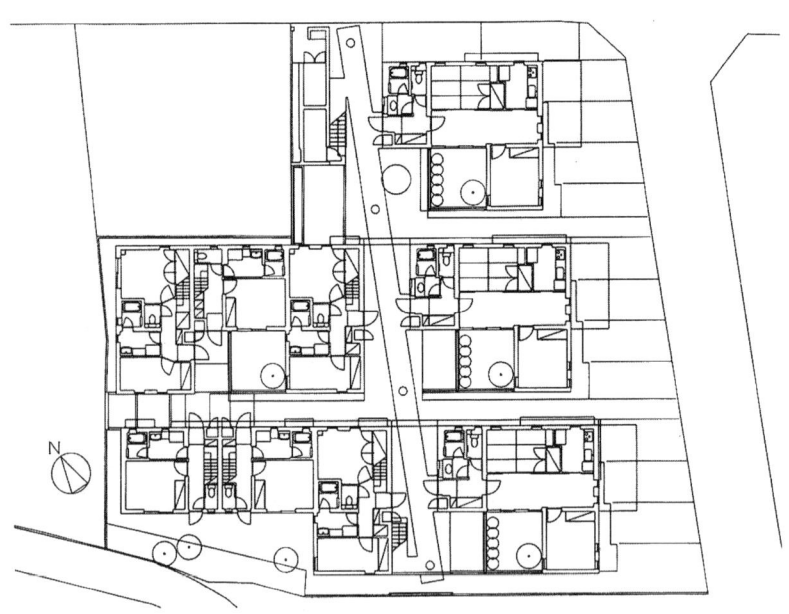

그림 7-6 나카지마 가든 주동의 2층 평면도

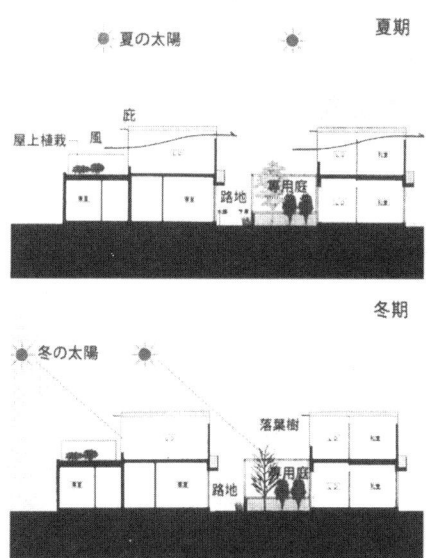

그림 7-7 나카지마 가든의 환경공생 개념

그림 7-8 골목
구석에는 시냇물이 흐른다. 합판으로 된 벽 뒤편에는 전용 정원이 있다.
호리우치코지(堀內廣治) 촬영.

그림 7-9 연못 옆의 소광장
연못에는 수련화가 있고, 송사리가 헤엄치고 있다. 호리우치코지(堀內廣治) 촬영.

제7장 어번디자인의 실천 **185**

네덜란드의 시가지개발 밀도와도 동일하며 충분히 향후 프로젝트의 모델(prototype)이 될 수 있을 것으로 확신하고 있다. 옥상 녹화는 부지가 동해지진이 예상되고 있는 지방이라서 구조 보강 비용이 추가적으로 소요되기 때문에 포기했다. 그 대신에 남향 평행배치를 통한 에너지 절약 효과를 높이고 부지 내부에는 실개천을 설치하고 낙엽수를 식재하는 등 환경 부하를 저감하기 아이디어를 도입하여 자연환경과의 공생이란 목적도 달성한다는 계획이었다(그림 7-7~7-9).

지방도시의 임대료는 상대적으로 저렴하지만 그조차도 부담스러워하는 계층을 위해 이곳에 입주하는 사람에게는 임대료를 보조하고 있다. 이것은 '특정우량임대주택'이라는 공적인 보조제도에 의한 것으로 공용부분을 확보하기 위해 가구당 100만 엔의 자금 보조를 받을 수 있다. 한마디로 표현하자면 영국의 사회주택과 유사한 제도라 할 수 있다.

이 프로젝트는 2000년도 일본건축학회상과 동 작품상을 수상한 바 있다.2)

7.2 환경공생형 공영주택

하모니 단지와 라메루나카묘 단지

나카지마 가든이 학회상을 수상한 직후 우리 연구실은 가고시마 현으로부터 두 개의 공영단지 기본설계를 위탁받았다. 국가의 방침으로 공영단지는 기본적으로 신설이 불가능하게 되었다. 하지만 환경공생 등의 이

---

2) 《新建築》, 6月号(新建築社, 1999).; 《GA》, 5月号(ADA EDITA TOKYO, 1999).; 『作品選集』(日本建築學會, 2001).

그림 7-10 하모니 단지의 완성 예상도
그 후 예산 때문에 삭제된 부분도 있다.

그림 7-11 하모니 단지의 현황
연차계획에 따라 건설되고 있다.

념을 도입하면 예외적인 조치가 취해지기 때문에 이곳에는 환경공생을 전면적으로 내걸기로 했다. 이를 위해 가고시마 대학의 동료이자 환경공학이 전문인 아카사카 유타카(赤坂裕) 교수의 도움을 요청했다.

  가고시마 현은 규슈(九州) 지역 최남단에 위치하여 환경적으로는 비교적 온난하지만 연간 열부하량은 냉방보다 난방 부하가 크다. 이 때문에 이곳에서 환경공생을 의도하여 계획할 경우 다른 지방처럼 고기밀·고단열이 바람직하다. 이것은 개방적인 트로피컬 리조트(tropical resort)와 같은 건축을 상징해 온 우리에게는 의외의 결과였고 가고시마에도 홋카이도(北海道)와 유사한 건물을 세워야 한다는 사실은 좀처럼 이해할 수 없는 것이었다. 그러나 데이터가 나타내는 사실은 무시할 수 없었다.

  단지 중 하나는 가세다(加世田市) 시 산간지역에 조성된 '하모니 뉴타운' 내부에 있고, 면적은 3.74ha이며 가구 수는 150가구로서 현영(縣營)주택과 시영(市營)주택이 각각 50%를 차지하는 혼합개발이다. 또 다른 하나는 현재 가고시마 시와 합병된 키이레정(喜入町)의 해안에 조성된 석유비축기지를 건설하기 위해 매립하여 조성된 공업단지 내부에 있다. 부지면적은 약 1ha로 가구 수는 50가구, 현영주택과 정영(町營)주택이 각각 50%씩인 개발이다.

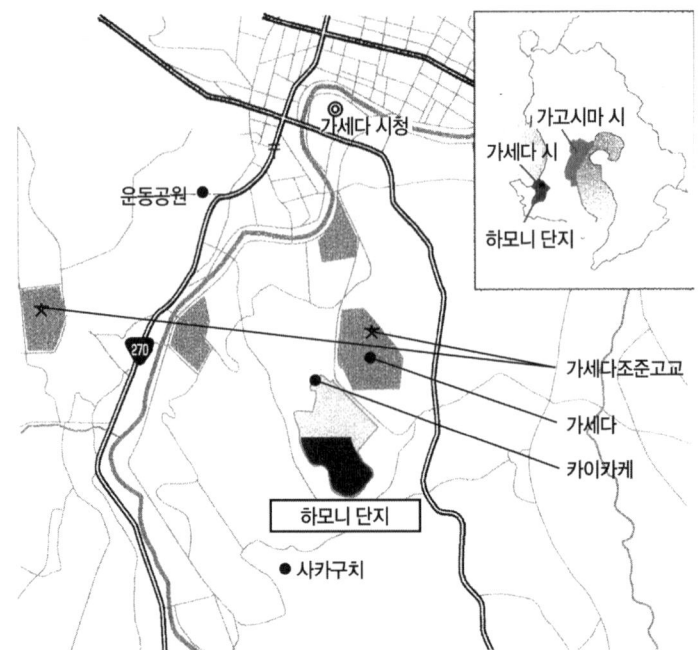

그림 7-12 하모니 단지의 위치도

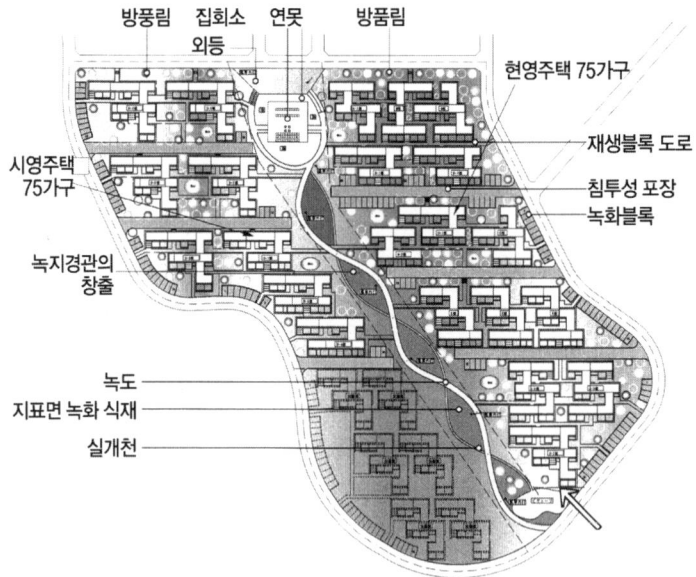

그림 7-13 하모니 단지의 배치도

그림 7-14
라메루 나카묘
단지의 완성
예상도
그 후 공용부분
이 대폭 삭제되
었다.

전자는 가고시마의 지역산업인 임업진흥을 위해 목조로 결정되었고 후자는 해상 부지이기 때문에 태풍 피해가 예상되어 철근 콘크리트조로 결정되었다. 양쪽 다 1ha당 50가구라는 저밀도이고, 어번빌리지와 뉴어버니즘과 거의 같은 수준이다. 그리고 계획에 변화를 주기 위해 공용의 오픈 스페이스 이외는 저층고밀도의 골목형 프로토타입을 응용하기로 했다.

'하모니 단지'에는 부지 중앙에 연못과 여울, 녹도를 꾸불꾸불하게 배치했고 그 양쪽에 3열로 주동을 클러스터로 평행 배치했다. 주동의 일부에 필로티를 설치했고 또한 브리지도 설치하여 주동 간 이동을 확보했다. 각 가구에는 꽤 넓은 전용 정원이 딸려 있다. 시영주택과 현영주택과의 차이는 거의 없다. 클러스터 사이의 공간에는 주차장이 설치되어 있다. 이들 주동의 최대 특징은 목조단지이면서도 평평한 지붕을 갖고 있으며 옥상녹화를 했다는 점이다. 이것은 독일 등에 널리 이용되는 것으로 특별히 새로운 공법은 아니다. 이 단지는 준공 후 3년 정도 경과했지만 문제는 발생하고 있지 않다. 창문에는 복층 유리를 사용하고 있다. 통상 집합주택에는 발코니가 있지만 바람과 비가 잦은 이 지방에서는 그다지 유용하게 이용되지 않기 때문에 그 대신 각 가구에는 필로티 형태의 넓은 포치(porch)를 설치하고 있다(그림 7-10~7-13).

'라메루나카묘 단지'는 평행 배치된 주동의 뒤편을 성토하여 압박감을

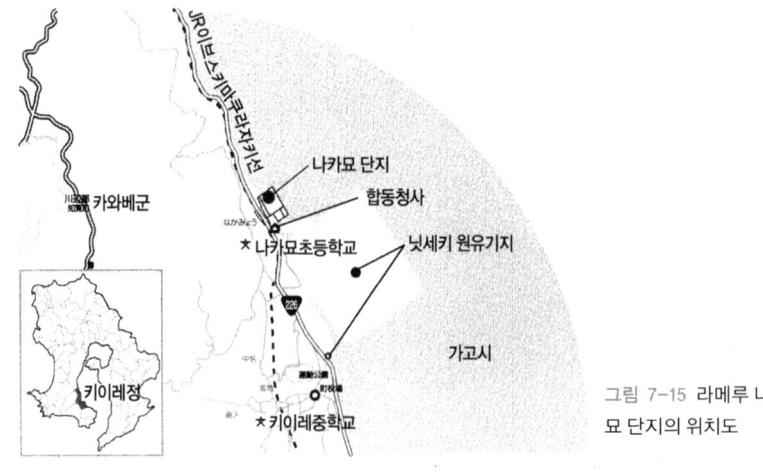

그림 7-15 라메루 나카묘 단지의 위치도

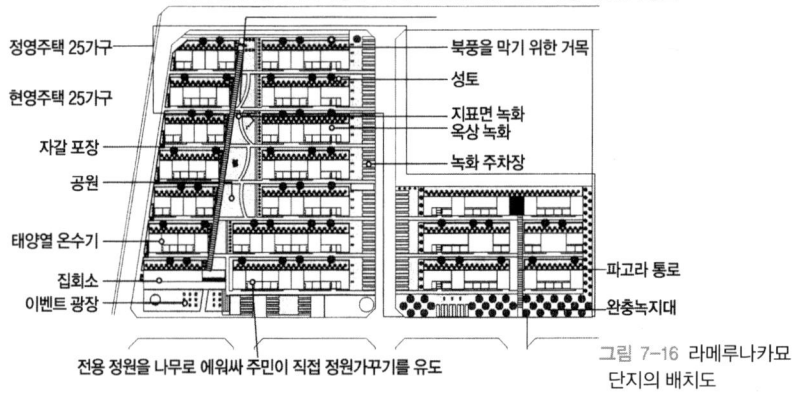

그림 7-16 라메루나카묘 단지의 배치도

그림 7-17 라메루나카묘 단지의 현황
이곳도 건설 중이다.

경감하고 바닥단열재 600mm와 필적하는 단열효과를 얻고 있다. 이것은 북쪽으로부터의 계절풍을 막기 위해서다. 주동 2층 부분은 사쿠라시마(櫻島)로의 조망을 고려하여 간격을 두고, 그 부분에 태양열 온수기를 설치했다. 여기에도 역시 발코니는 없다. 각 가구의 현관 앞에는 필로티 형태의 포치를 설치하고, 그 일부에 벤치를 고정하여 골목을 통행하는 사람들과의 대화를 즐길 수 있도록 배려했다. 각 가구에 넓은 전용 정원을 설치한 것은 접근성을 높이고 공유 관리지를 되도록 줄여 침투성을 높이는 효과를 노린 것이다(그림 7-14~7-17).

이들 단지의 설계는 기본설계만 하고 실시설계와 감리는 담당하지 않았기 때문에 건축물로서의 질은 의도했던 것과는 다소 차이가 있다. 엄밀한 디자인가이드를 규정해두었어야 했다.

7.3 저층고밀도의 리조트 빌리지

F 프로젝트

시미즈 요시쓰구(清水義次) 씨는 도쿄 간다(神田) 지구의 재생계획과 후쿠시마 현(福島縣) 다지마 정(田島町)의 활성화계획 등을 수립하는 등 현재 주목받고 있는 도시 프로듀서이다. 시미즈 씨는 저자의 저층고밀도 개발이라는 개념에 공감하여 다양한 프로젝트에 협력해줄 것을 요청해왔고 여기에 소개하는 프로젝트도 그중 하나다.

이 사업은 도쿄에서 철도 혹은 고속도로로 2시간 이내의 지역에 있는 강변 온천리조트를 활성화하기 위해 그 인근에 주택지를 개발하는 프로젝트다. 한마디로 플로리다 주의 시사이드를 소규모로 축소한 것과 유사한 계획이다. 부지면적 약 1.5ha에 평균 면적 220m^2의 택지 42구획을 조성하여 디벨로퍼에게 판매하고 디벨로퍼는 자신이 원하는 구획을 구입하여 분양주택을 건설·판매하거나 또는 '협동(corporate) 방식'[3]으로 단계적으로 건설하는 사업이다.

  이 사업의 테마는 마을의 재현이다. 지금까지의 리조트개발 방식은 숲속에 별장을 분산시켜 초저밀도로 개발하는 것이 주류였지만 이곳에서는 오히려 주변의 수려한 자연환경을 활용하여 과거와는 대조적으로 밀도가 높은 마을을 조성하고자 하고 있다. 일본인 여행객이 쇄도하는 이탈리아의 토스카나 지방의 스몰타운(small town)이나 영국의 코트월드 지방의 빌리지에서도 사람들이 사는 곳은 적당한 밀도로 건물이 집적하고 있다. 우리는 일본에도 이런 마을이 생긴다면 살고 싶어하는 사람이 적지 않을 것이라 생각하고 있었다. 대개 숲속의 별장은 유지관리도 어렵고 범죄도 우려도 있다. 하지만 다른 별장과는 달리 이 마을에서는 안전하게 부지내의 온천을 즐길 수 있고 바로 코앞의 강에서 낚시도 할 수 있다. 인근 과수원의 과일과 강 건너편의 포도주 양조장의 포도주도 즐거움 중 하나다. 모든 가구는 담으로 둘러싸인 일종의 코트하우스로 지어져 경비가 완벽하다. 부재중의 관리나 임대는 리조트 사무소에서 맡는다. 빌리지 경관을 유지하기 위해 디자인코드가 마련되어 있고 건축기준법상의 건축협정이 체결되어 있다. 각 가구에는 멀리 후지 산 조망을 즐길 수 있도록 타워부분을 설치하도록 의무화되어 있고, 이것이 이 빌리지의 독특한 경관을 형성한다(그림 7-18~21).

  우리의 추산으로 1가구당 판매가격은 토지를 포함하여 3,000만 엔 정도가 아닐까 한다. 면적당 가격은 다른 리조트와 비교하면 다소 비싸지만 유사한 사례가 없기 때문에 뉴어버니즘 사례처럼 장래에는 시세 차익(capital

---

[3] 미리 입주자를 모집하여 설계·건설을 시행하는 시스템. 입주자가 건설과정에 참가할 수 있는 장점이 있다.

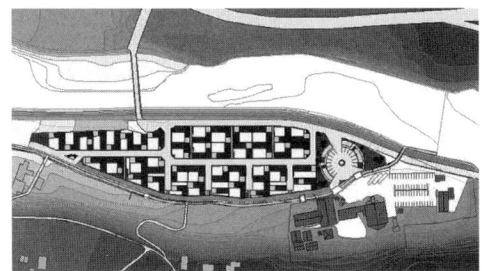

그림 7-18 F프로젝트의 배치도

그림 7-19 F프로젝트의 전경
코트하우스의 집합체로서의 빌리지

그림 7-20 F프로젝트의 리조트내부 경관
각 가구에는 타워가 있다.

그림 7-21 강 건너편에서 본 F프로젝트
빌리지의 인상이 뚜렷하다.

gain)도 기대할 수 있다.

　분양 후의 관리가 완벽하여 소유자뿐만 아니라 방문객도 만족하는 리조트인 시사이드처럼, 이곳에서도 그와 같은 서비스를 실험해 봤으면 하는 바람이다. 방문객이 줄어들고 있는 기존 리조트지구에서도 주민을 위해 각종 배달서비스(catering)의 제공, 새벽시장 개최, 부속 숙박시설을 마련하여 주민에게 찾아온 손님을 머물 수 있게 하는 등 다양한 활성화 대책을 강구하면 좋을 것이다.

7.4 민간의 제언

가고시마 시 콤팩트시티 구상

　2003년 말 가고시마경제동호회의 초청을 받고 콤팩트시티를 주제로 강연했을 때 강연을 수동적으로 듣기만 할 게 아니라 자신들도 주체적으로 무언가 하고 싶다는 상담을 받게 되었다. 그래서 우리 연구실이 도움을 주고 동호회가 중심이 되어 가고시마 시를 콤팩트시티화하는 구상을 마련했다.

　먼저 가고시마 시를 둘러싼 현황을 파악하기 위해 1학기 동안 석사과정과 박사과정에 있는 20명 정도의 학생이 참가하는 대학원 수업을 실시했다. 최종적으로는 동호회 멤버뿐만 아니라 폭 넓게 시민을 대상으로 발표회를 개최하여 가고시마 시의 가능성과 문제점을 제시했다. 문제점으로는 자원, 교통, 중심지구, 교외지구, 커뮤니티 등 6가지를 선정하여 동호회에는 문제점별로 연구팀을 결성하도록 의뢰했다. 연구실에서는 토쿠다 히로미쓰(德田弘光) 조수, 박사후기과정의 야마모토 사토시(山本聰)를 중심으로 전기과정의 학생을 파견하여 연구를 도왔다.

그림 7-22 덴몬칸 대로의 트랜짓몰   그림 7-23 쓰루마루 성(鶴丸城) 앞의 트랜짓몰

2005년 3월에는 동호회 멤버와 일반시민을 대상으로 최종 발표회를 개최했고 그 내용은 지역 방송국, 신문 각사를 통하여 널리 홍보되었다. 동호회에는 현과 시 관계자도 입회인으로 참여했고 또한 일본은행, 일본정책투자은행을 비롯한 지방은행의 책임자도 참가하고 있었다. 이처럼 이 구상의 현실성이 인정되었고, 앞으로는 실천을 위한 절차가 진행될 것으로 기대되고 있다.

이 제안 중 가장 주목받고 있는 것은 가고시마 시 최대의 자원인 노면전차를 활용하여 가고시마 시의 중심인 덴몬칸(天文館)대로를 트랜짓몰화하는 것이다. 이 외에도 풍부한 역사유산을 활용한 '마치주 박물관' 구상, 시내 100여 개의 온천지를 활용한 온천도시의 실현, 도시 내 수로의 활용, 사쿠라지마(櫻島)의 조망 보전, 시가지 배후의 가이센(崖線) 녹지(하천변의 경사도 15° 이상인 녹지대)의 보전, 초등학교 학군을 단위로 한 커뮤니티활동의 활성화로 육아지원과 노인 수발, 방범활동 등의 체계 구축, 커뮤니티 통화, 커뮤니티 비즈니스 등의 지원, 도심부와 교외지구의 기능적 보완에 의한 자급자족 도시의 실현 등 다양한 정책을 제안했다. 또한 정책 실현을 위해 BID(부담자자치) 도입 방안 등의 힌트도 제시했다.

이것은 행정이 수립하는 도시마스터플랜과는 완전히 다른 주민이 제안한 계획이었고 향후 행정과 주민과의 대화 속에서 현실적인 정책이 결정될 것을 희망하고 있다. 또한 재원조달 방안에 대해서는 시민이 자립적으로 '재생펀드'를 조성할 것을 제안했다. 현재 각지에서는 특정 목적을 위해 시민채권을 모집하고 있고, 그 예로 구마모토 시(熊本市)에서 구마모토 성(城) 정비를 위해 발행한 주민 참가형 미니시장 공모채권을 들 수 있다. 이 채권은 2003~2004년도에 걸쳐 매년 4억 5,000만 엔의 시민출자를 확보했다.[4] 가고시마 시에서도 이러한 방법을 활용하여 시민주체의 도시계획이 실현되길 바란다.

---

4) 주민 참가형 미니시장 공모채권은 2002년도에 도입된 지방공공단체가 발행하는 지방채권인데, 과거의 채권과는 달리 발행목적이 구체적이다. 그리고 주민 의지를 반영하기 쉬우며, 기본적으로 주민을 대상으로 발행된다는 점에서 상당히 인기가 높다. 2003년도에 전국에서 발행된 금액은 2,600억 엔이었고 2004년도에는 7,800만 엔에 달하고 있다.

지은이 편집후기

　머리글에서 밝힌 바와 같이 이 책을 집필하게 된 계기가 되었던 조사연구에는 일본학술진흥회의 과학연구비 보조가 있었다. 또한 조사연구에는 가고시마 대학 공학부 건축학과 마쓰나가(松永)연구실 멤버가 참가했고 프로젝트 수행에는 근대건축연구소의 멤버가 참가했다. 그리고 가고시마 대학의 동료인 혼마 도시오(本間俊雄) 교수, 도모키요 다카카즈(友淸貴和) 교수, 아카사카 유타카(赤坂裕) 교수, 도쿠다 히로미쓰(德田弘光) 조수 등의 협력으로 공동연구를 수행했다. 현지조사에서는 본문 중에 소개된 분들 이외에도 많은 사람들이 질의에 흔쾌히 응해주었고 생생한 현장의 소리를 들려주었다. 특히 미국 현지조사에서는 샌프란시스코에 거주하는 어번디자이너인 사사키 히로유키(佐々木宏幸) 씨, 영국 현지조사에서는 건축가 우루시하라 히로시(漆原弘) 박사의 교시를 받았다. 가고시마 현의 환경공생단지 설계에 있어서는 가고시마 현 주택건축종합센터, 가고시마 시 프로젝트 수행에 있어서는 가고시마경제동호회 및 F프로젝트 수행에 있어서는 주식회사 애프터눈 소사이어티 등의 협력을 각각 받았다. 삽도 등의 작성, 현지에서의 사진 촬영 등에는 우리 연구실에 소속하는 야마모토 사토시(山本聰)의 도움을 받았다. 출판과정에서는 쇼고쿠사(彰國社)의 다지리 히로히코(田尻裕彦) 씨에게 신세를 졌다. 심심한 사의를 표한다.

　또한 사진 및 도면은 특기한 경우를 제외하고는 저자를 포함한 연구실 멤버의 것임을 밝혀둔다.

가고시마(鹿兒島) 대학 공학부 건축학과 마쓰나가(松永) 연구실 멤버(1997~2005년)

井岡恒一郎, 下小野田和華子, 安部眞人, 川崎智弘, 增留麻紀子, 豊田星二郎, 相庭眞紀子, 青山友和, 西原一德, 淸本紀子, 福永知哉, 荒田寬, 緖方裕久, 城戶孝史, 後藤友紀, ヌライシャムスズラ・ロザイディ, ロニアーニ・ミナ・イシバシ, 鷹野敦, 田部井隆通, 平野公平, 安永純平, ゴメスタグレ・モラレス・ホセ・マルティン, 興梠方隆, 中村穗高, 西村一成, 森園久美子, 森田眞, 有野哲平, 有吉弘輔, 荻野さとみ, 菅明弘, 武田康雄, 小田切知眞, 小佐見友子, 齊藤浩文, 瀨戶口晴美, 難波友亮, 西垣智哉

近代建築硏究所 멤버(1997년~2005년)

田島芳竹, 下小野田和華子, 高山久, 黑川昌子, 村井えり

■ 지은이

마쓰나가 야스미쓰(松永安光)
건축가, 도시설계가. 가고시마 대학(鹿兒島大學) 공학부 건축학과 교수. 근대건축연구소 고문. 구마모토(熊本) 시영 디쿠마(託麻) 단지(구마모토 아트폴리스 참가 작품), 마쿠하리(幕張) 베이타운·파티오스 4번가[치바켄(千葉縣)건축문화상 수상], 나가노(長野) 시 이마이(今井) 뉴타운 E공구(나가노올림픽촌), 하모니 단지, 라메루나카묘 단지 등 다수의 작품이 있다. 주요 저서로는 『建築入門·世界名作の旅100』(彰國社), 역서로는 「マニエリスムと近代建築」(공역), 「コーリン·ロウは語る」(공역) 등이 있다.

■ 옮긴이

진영환 국토연구원 도시혁신지원센터 소장
김진범 국토연구원 책임연구원
정윤희 국토연구원 연구원

■ 공동기획

국가균형발전위원회
참여정부는 국가균형발전을 최고 국정과제 중 하나로 설정하고 사회적 갈등을 유발하고 공동체의 분열을 초래한 사회적 불균형을 시정하여 지역, 계층, 성, 세대의 조화로운 '더불어 사는 균형발전 사회'를 건설하고자 대통령 직속의 국가균형발전위원회를 설치하였다. 국가균형발전위원회는 자립형 지방화를 촉진하기 위한 국가수준의 기획 조정기구로서 정부 각 부처의 상호조정 및 협력을 이끌어내고, 지방이 지역혁신체계의 구축을 통해 특성화 발전을 이루어나갈 수 있도록 지원하는 역할을 수행하고 있다.

국토연구원
국토연구원(KRIHS, Korea Research Institute for Human Settlements)은 국토자원의 효율적인 이용, 개발, 보전에 관한 정책을 종합적으로 연구·발전시켜 각급 공간계획의 수립에 기여함을 목적으로 1978년 설립된 정부출연 연구기관이다. 국토 전반에 걸쳐 폭넓은 연구를 수행하고 있으며, 연구보고서를 비롯해 월간 ≪국토≫, 학술지 ≪국토연구≫와 ≪건설경제≫, ≪국토정책 Brief≫, ≪Space & Environment≫ 등의 정기간행물을 발간하고 있다.
국토연구원의 도시혁신지원센터는 지방자치단체의 역량강화 및 시민참여 확대를 통한 도시의 혁신적인 발전을 지원하기 위하여 설립되었다. 지역중심의 도시혁신을 위해 지방자치단체에 대한 자문 및 교육지원, 국내외 주요도시 DB축적 등을 통한 디지털 라이브러리 운영, 시민단체 및 일반시민에 대한 학습기회 제공과 함께 도시혁신 관련 정책연구를 수행하고 있다. http://www.krihs.re.kr

한울아카데미 861

도시계획의 신조류

ⓒ 국토연구원, 2006

지은이 | 마쓰나가 야스미쓰
옮긴이 | 진영환·김진범·정윤희
펴낸이 | 김종수
펴낸곳 | 도서출판 한울

초판 1쇄 발행 | 2006년 6월 30일
초판 5쇄 발행 | 2014년 3월 31일

주소 | 413-756 경기도 파주시 광인사길 153 한울시소빌딩 3층
전화 | 031-955-0655
팩스 | 031-955-0656
홈페이지 | www.hanulbooks.co.kr
등록번호 | 제406-2003-000051호

Printed in Korea.
ISBN 978-89-460-4026-7 93530

* 책값은 겉표지에 표시되어 있습니다.